교과서 원리로 배우는

빠르다

류승재·김영조 지음

구구단

이 책의 구성

01

일의 자리와 십의 자리
원리로 빠르게 개념 이해

02

덧셈 활용과 그림으로
알아보기

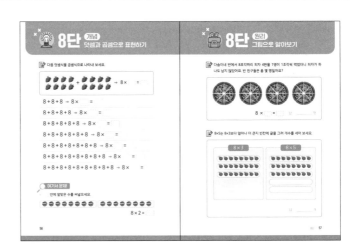

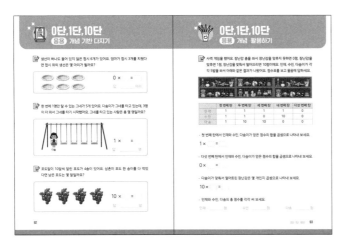

03

개념 다지고 활용하기

04

문제로 완벽 학습하기

05

묶어서 복습하기

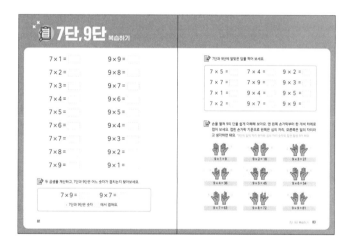

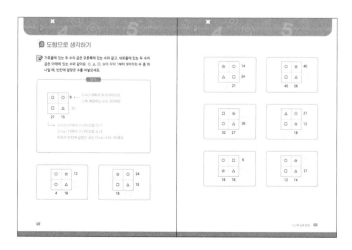

06

심화 문제로 사고력 확장하기

목차

2단

$2 \times 1 = \boxed{2}$

$2 \times 2 = \boxed{4}$

$2 \times 3 = \boxed{6}$

$2 \times 4 = \boxed{8}$

$2 \times 5 = \boxed{10}$

$2 \times 6 = \boxed{12}$

$2 \times 7 = \boxed{14}$

$2 \times 8 = \boxed{16}$

$2 \times 9 = \boxed{18}$

2단은 1에서 9까지의 수에 2를 곱한 것이에요.

그래서 '2, 4, 6, 8, 10, 12……' 이렇게 2씩 늘어나요.

2단을 쉽게 익히기

2는 8과 더했을 때 10이 되는 숫자예요.

그래서 2단에서 십의 자리 숫자가 그대로일 때는 일의
자리 숫자가 2씩 늘어나지만, 십의 자리 숫자가 커질
때는 일의 자리 숫자가 8씩 줄어들어요.

$2 \times 1 = \underline{2}$
$2 \times 2 = \underline{4}$ $\Big) +2$

2→4, 12→14처럼
십의 자리 숫자가 그대로일 때는
일의 자리 숫자가 2씩 늘어요.

$2 \times 4 = \underline{8}$
$2 \times 5 = \underline{10}$ $\Big) -8$

하지만 8→10처럼
십의 자리 숫자가 커질 때는
일의 자리 숫자가 8씩 줄어요.

2단 개념
덧셈과 곱셈으로 표현하기

다음 덧셈식을 곱셈식으로 나타내 보세요.

$2 \times \boxed{} = \boxed{}$

$2+2+2 \;\rightarrow\; 2 \times \boxed{} = \boxed{}$

$2+2+2+2 \;\rightarrow\; 2 \times \boxed{} = \boxed{}$

$2+2+2+2+2 \;\rightarrow\; 2 \times \boxed{} = \boxed{}$

$2+2+2+2+2+2 \;\rightarrow\; 2 \times \boxed{} = \boxed{}$

$2+2+2+2+2+2+2 \;\rightarrow\; 2 \times \boxed{} = \boxed{}$

$2+2+2+2+2+2+2+2 \;\rightarrow\; 2 \times \boxed{} = \boxed{}$

$2+2+2+2+2+2+2+2+2 \;\rightarrow\; 2 \times \boxed{} = \boxed{}$

여기서 문제!

- ☐ 안에 알맞은 수를 써넣으세요.

 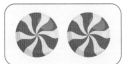 

$2 \times 3 = \boxed{}$

자전거 2대가 서 있어요. 바퀴는 총 몇 개일까요?

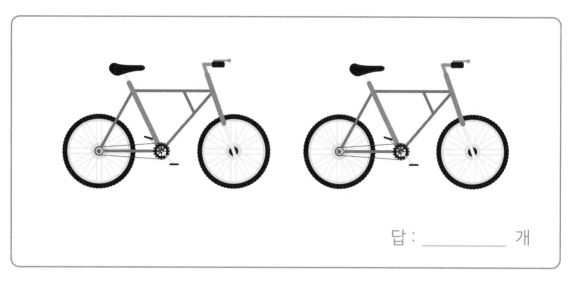

답 : _____ 개

시장에 갔더니 낙지와 오징어가 있어요. 오징어 다리는 낙지 다리보다 몇 개나 더 많을까요? 다리의 개수를 2개씩 묶어서 세어 보세요.

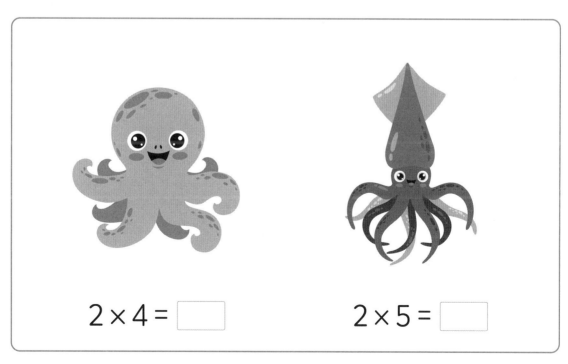

$2 \times 4 = \boxed{}$　　　　$2 \times 5 = \boxed{}$

📝 민지의 집에는 젓가락이 7쌍 있어요. 어느 날, 엄마가 슈퍼에서 젓가락 1쌍을 더 사 왔어요. 그러면 젓가락은 낱개로 총 몇 개가 될까요?

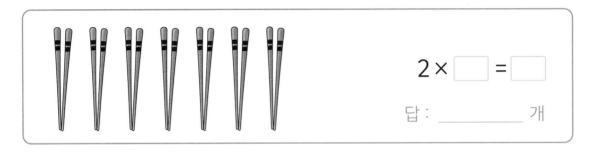

$2 \times \boxed{} = \boxed{}$

답 : _____ 개

📝 책상에 연필들이 놓여 있어요. 그림을 그려 연필을 2자루씩 묶어 보고, 연필이 총 몇 자루 있는지 세어 보세요.

$2 \times \boxed{} = \boxed{}$

답 : _____ 자루

📝 준서와 준서 삼촌이 키를 쟀어요. 준서 삼촌의 키는 준서의 몇 배일까요?

답 : _____ 배

📝 동물원에서 멀리뛰기 대회를 열었어요. 각 동물들의 멀리뛰기 기록은 다음과 같아요. 그렇다면 기린은 사자보다 몇 배나 더 멀리 뛴 것일까요?

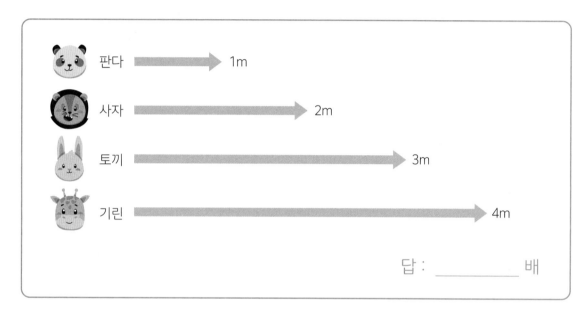

판다　→　1m

사자　→　2m

토끼　→　3m

기린　→　4m

답 : _____ 배

📝 사람들이 건물을 짓고 있어요. 왼쪽 건물은 2층, 오른쪽 건물은 6층 높이라면 오른쪽 건물의 높이는 왼쪽 건물보다 몇 배 높을까요?

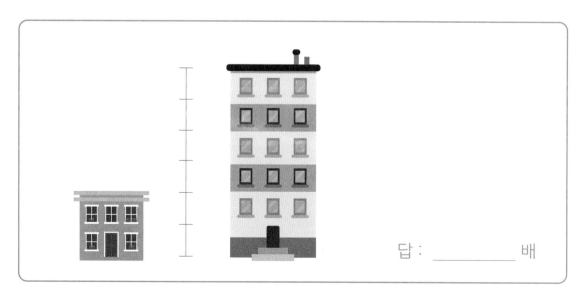

답 : _____ 배

2단 연습 문제 풀기

✏️ 다음 ☐ 안에 알맞은 수를 쓰고 규칙을 적어 보세요.

$2 \times 1 =$ ☐ $2 \times 9 =$ ☐

$2 \times 2 =$ ☐ $2 \times 8 =$ ☐

$2 \times 3 =$ ☐ $2 \times 7 =$ ☐

$2 \times 4 =$ ☐ $2 \times 6 =$ ☐

$2 \times 5 =$ ☐ $2 \times 5 =$ ☐

$2 \times 6 =$ ☐ $2 \times 4 =$ ☐

$2 \times 7 =$ ☐ $2 \times 3 =$ ☐

$2 \times 8 =$ ☐ $2 \times 2 =$ ☐

$2 \times 9 =$ ☐ $2 \times 1 =$ ☐

• 2에 곱해지는 수가 1씩 커질수록 값은 ☐ 씩 커져요.

• 2에 곱해지는 수가 1씩 작아질수록 값은 ☐ 씩 줄어요.

📝 다음 ☐ 안에 알맞은 수를 쓰세요.

$2 \times 5 =$ ☐ $2 \times 4 =$ ☐

$2 \times 7 =$ ☐ $2 \times 9 =$ ☐

$2 \times 3 =$ ☐ $2 \times 6 =$ ☐

$2 \times 2 =$ ☐ $2 \times 8 =$ ☐

📝 2단에 해당하는 숫자를 찾아 동그라미를 그려 보세요.

1	7	13
2	8	14
3	9	15
4	10	16
5	11	17
6	12	18

5단

$5 \times 1 = \boxed{5}$

$5 \times 2 = \boxed{10}$

$5 \times 3 = \boxed{15}$

$5 \times 4 = \boxed{20}$

$5 \times 5 = \boxed{25}$

$5 \times 6 = \boxed{30}$

$5 \times 7 = \boxed{35}$

$5 \times 8 = \boxed{40}$

$5 \times 9 = \boxed{45}$

5단은 1에서 9까지의 수에 5를 곱한 것이에요.
그래서 '5, 10, 15, 20, 25, 30……' 이렇게 5씩 늘어나요.

5단을 쉽게 익히기

5는 5와 더했을 때 10이 되는 숫자예요.
그래서 5단에서 십의 자리 숫자가 그대로일 때는 일의 자리
숫자가 5씩 늘어나지만, 십의 자리 숫자가 커질 때는 일의 자
리 숫자가 5씩 줄어들어요. 즉, 5단의 일의 자리 숫자는 5와 0
이 반복돼요.

$5 \times 2 = \underline{10}$
$5 \times 3 = \underline{15}$ +5

10→15, 20→25처럼
십의 자리 숫자가 그대로일 때는
일의 자리 숫자가 5씩 늘어요.

$5 \times 3 = \underline{15}$
$5 \times 4 = \underline{20}$ -5

하지만 15→20, 25→30처럼
십의 자리 숫자가 커질 때는
일의 자리 숫자가 5씩 줄어요.

5단 개념 덧셈과 곱셈으로 표현하기

 다음 덧셈식을 곱셈식으로 나타내 보세요.

 + → 5 × □ = □

5 + 5 + 5 → 5 × □ = □

5 + 5 + 5 + 5 → 5 × □ = □

5 + 5 + 5 + 5 + 5 → 5 × □ = □

5 + 5 + 5 + 5 + 5 + 5 → 5 × □ = □

5 + 5 + 5 + 5 + 5 + 5 + 5 → 5 × □ = □

5 + 5 + 5 + 5 + 5 + 5 + 5 + 5 → 5 × □ = □

5 + 5 + 5 + 5 + 5 + 5 + 5 + 5 + 5 → 5 × □ = □

여기서 문제!

• 지수가 양손을 짝 폈어요. 지수의 손가락은 총 몇 개일까요?

5 × 2 = □

5단 원리 그림으로 알아보기

✏️ 같은 값을 찾아서 이어 보세요.

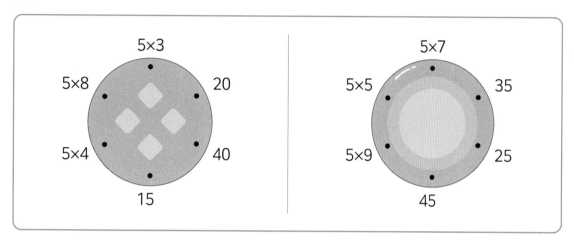

5×3   20
5×8
        40
5×4
    15

5×7   35
5×5
        25
5×9
    45

✏️ 과일 가게에 갔더니 사과와 딸기를 팔고 있어요. 그림을 그려 사과와 딸기를 5개씩 묶어 보고 사과와 딸기가 총 몇 개인지 알아보세요.

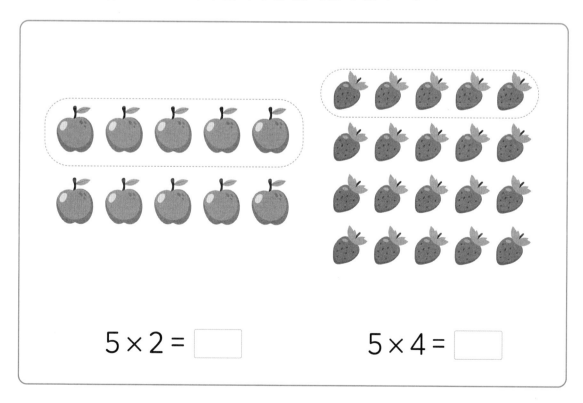

$5 \times 2 =$ ☐ $5 \times 4 =$ ☐

5장씩 묶어 놓은 색종이가 3묶음 있어요. 색종이는 총 몇 장일까요?

$5 \times \boxed{} = \boxed{}$

답 : _____ 장

• 색종이 한 묶음이 더 있으면 색종이는 총 몇 장이 될까요?

답 : _____ 장

사람들이 건물을 짓고 있어요. 왼쪽 건물은 1층, 오른쪽 건물은 5층 높이라면 오른쪽 건물의 높이는 왼쪽 건물보다 몇 배 높을까요?

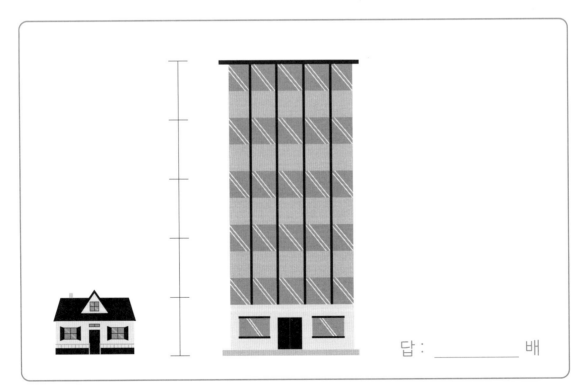

답 : _____ 배

5단 활용 개념 활용하기

✏️ 친구들이 종이비행기 멀리 날리기 대회를 해요. 기록은 다음과 같아요. 그렇다면 혜성이는 수민이보다 종이비행기를 몇 배나 더 멀리 날린 걸까요?

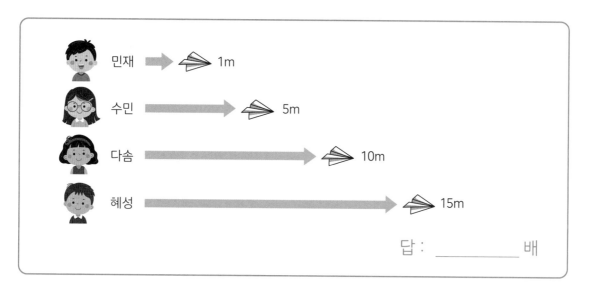

민재 ➡️ ✈️ 1m

수민 ➡️ ✈️ 5m

다솜 ➡️ ✈️ 10m

혜성 ➡️ ✈️ 15m

답 : ＿＿＿＿＿＿ 배

✏️ 한 아파트에 3명의 친구가 살아요.

혜성
다솜
수민

• 수민 5층   • 다솜 10층   • 혜성 15층

• 다솜이네 집의 층수는 수민이네 집보다 몇 배 높을까요?   5 × ☐ = 10 ➡️ ☐ 배

• 혜성이 집의 층수는 수민이네 집보다 몇 배 높을까요?   5 × ☐ = 15 ➡️ ☐ 배

📝 다음 ☐ 안에 알맞은 수를 쓰고 규칙을 적어 보세요.

$5 \times 1 =$ ☐ $5 \times 9 =$ ☐

$5 \times 2 =$ ☐ $5 \times 8 =$ ☐

$5 \times 3 =$ ☐ $5 \times 7 =$ ☐

$5 \times 4 =$ ☐ $5 \times 6 =$ ☐

$5 \times 5 =$ ☐ $5 \times 5 =$ ☐

$5 \times 6 =$ ☐ $5 \times 4 =$ ☐

$5 \times 7 =$ ☐ $5 \times 3 =$ ☐

$5 \times 8 =$ ☐ $5 \times 2 =$ ☐

$5 \times 9 =$ ☐ $5 \times 1 =$ ☐

• 5에 곱해지는 수가 1씩 커질수록 값은 ☐ 씩 커져요.

• 5에 곱해지는 수가 1씩 작아질수록 값은 ☐ 씩 줄어요.

다음 ☐ 안에 알맞은 수를 쓰세요.

$5 \times 5 =$ ☐ $5 \times 4 =$ ☐

$5 \times 7 =$ ☐ $5 \times 9 =$ ☐

$5 \times 3 =$ ☐ $5 \times 6 =$ ☐

$5 \times 2 =$ ☐ $5 \times 8 =$ ☐

나열된 수들의 규칙을 찾아 빈칸에 알맞은 수를 채워 보세요.

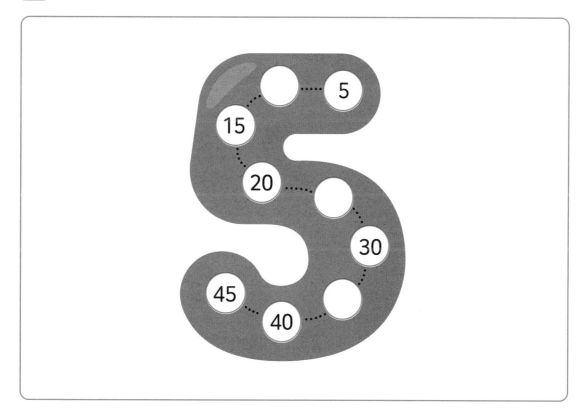

$2 \times 1 = \boxed{}$

$2 \times 2 = \boxed{}$

$2 \times 3 = \boxed{}$

$2 \times 4 = \boxed{}$

$2 \times 5 = \boxed{}$

$2 \times 6 = \boxed{}$

$2 \times 7 = \boxed{}$

$2 \times 8 = \boxed{}$

$2 \times 9 = \boxed{}$

$5 \times 9 = \boxed{}$

$5 \times 8 = \boxed{}$

$5 \times 7 = \boxed{}$

$5 \times 6 = \boxed{}$

$5 \times 5 = \boxed{}$

$5 \times 4 = \boxed{}$

$5 \times 3 = \boxed{}$

$5 \times 2 = \boxed{}$

$5 \times 1 = \boxed{}$

두 곱셈식을 계산하고, 2단과 5단은 어느 숫자가 겹치는지 찾아보세요.

$2 \times 5 = \boxed{}$　　$5 \times 2 = \boxed{}$

- 2단과 5단은 숫자 $\boxed{}$ 에서 겹쳐요.

📝 2단과 5단에 알맞은 답을 적어 보세요.

$2 \times 4 = \boxed{}$　　$2 \times 3 = \boxed{}$　　$5 \times 4 = \boxed{}$

$2 \times 8 = \boxed{}$　　$2 \times 9 = \boxed{}$　　$5 \times 8 = \boxed{}$

$2 \times 5 = \boxed{}$　　$5 \times 2 = \boxed{}$　　$5 \times 3 = \boxed{}$

$2 \times 6 = \boxed{}$　　$5 \times 5 = \boxed{}$　　$5 \times 1 = \boxed{}$

📝 2단과 5단은 어디에서 겹칠까요? 2단과 5단에서 겹치는 수를 찾아 줄을 그어 연결해 보세요.

2단 02 04 06 08 10 12 14 16 18

5단 05 10 15 20 25 30 35 40 45

✏️ 빈칸을 채워 2단표를 완성시켜 보세요.

×	1	2	3	4	5	6	7	8	9
2	2								

✏️ 2단에 해당하는 수의 일의 자리 숫자를 순서대로 선을 이어 연결해 보세요.

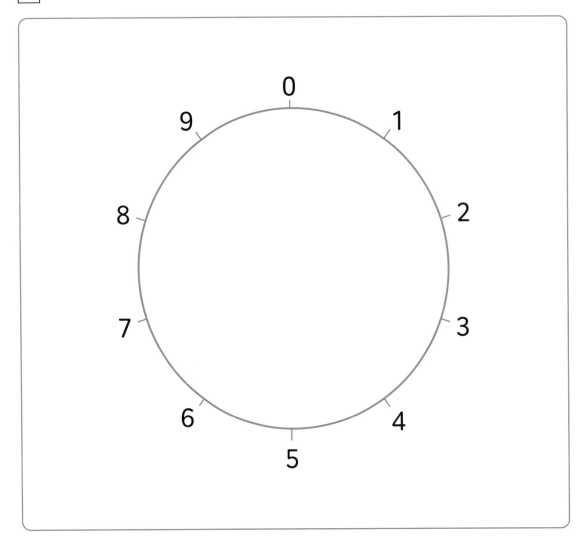

빈칸을 채워 5단표를 완성시켜 보세요.

×	1	2	3	4	5	6	7	8	9
5	5								

5단에 해당하는 수의 일의 자리 숫자를 순서대로 선을 이어 연결해 보세요.

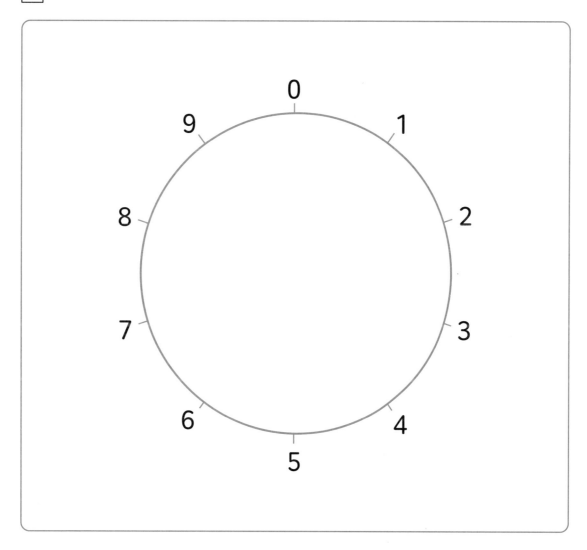

3단

$3 \times 1 =$ 3

$3 \times 2 =$ 6

$3 \times 3 =$ 9

$3 \times 4 =$ 12

$3 \times 5 =$ 15

$3 \times 6 =$ 18

$3 \times 7 =$ 21

$3 \times 8 =$ 24

$3 \times 9 =$ 27

3단은 1에서 9까지의 수에 3을 곱한 것이에요.

그래서 '3, 6, 9, 12, 15, 18……' 이렇게 3씩 늘어나요.

3단을 쉽게 익히기

3은 7과 더했을 때 10이 되는 숫자예요.

그래서 3단에서 십의 자리 숫자가 그대로일 때는 일의 자리 숫자가 3씩 늘어나지만, 십의 자리 숫자가 커질 때는 일의 자리 숫자가 7씩 줄어들어요.

$3 \times 1 = \underline{3}$

$3 \times 2 = \underline{6}$

+3

3→6, 12→15처럼

십의 자리 숫자가 그대로일 때는

일의 자리 숫자가 3씩 늘어요.

$3 \times 3 = \underline{9}$

$3 \times 4 = \underline{12}$

−7

하지만 9→12, 18→21처럼

십의 자리 숫자가 커질 때는

일의 자리 숫자가 7씩 줄어요.

 다음 덧셈식을 곱셈식으로 나타내 보세요.

$\bigcirc\bigcirc\bigcirc + \bigcirc\bigcirc\bigcirc$ → $3 \times \boxed{} = \boxed{}$

$3 + 3 + 3$ → $3 \times \boxed{} = \boxed{}$

$3 + 3 + 3 + 3$ → $3 \times \boxed{} = \boxed{}$

$3 + 3 + 3 + 3 + 3$ → $3 \times \boxed{} = \boxed{}$

$3 + 3 + 3 + 3 + 3 + 3$ → $3 \times \boxed{} = \boxed{}$

$3 + 3 + 3 + 3 + 3 + 3 + 3$ → $3 \times \boxed{} = \boxed{}$

$3 + 3 + 3 + 3 + 3 + 3 + 3 + 3$ → $3 \times \boxed{} = \boxed{}$

$3 + 3 + 3 + 3 + 3 + 3 + 3 + 3 + 3$ → $3 \times \boxed{} = \boxed{}$

여기서 문제!

• 세발자전거 3대의 바퀴 수를 모두 더하면 총 몇 개일까요?

답 : _____ 개

3단 원리
그림으로 알아보기

📝 민재와 수민이가 소풍을 가서 먹을 도시락을 싸고 있어요. 소시지는 총 몇 개일까요?

답 : _____ 개

📝 꽃집에서 꽃 3송이가 담긴 화분 4개를 샀어요. 화분에 담긴 꽃은 총 몇 송이 일까요?

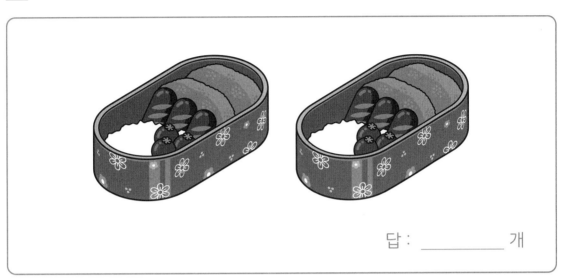

$3 \times \boxed{} = \boxed{}$ 답 : _____ 송이

책장에 책 3권이 꽂혀 있어요. 그런데 아빠가 책 3권을 더 사다 주셨어요. 책장에 책은 총 몇 권이 될까요?

3 × ☐ = ☐

답 : _____ 권

운동장에 축구공이 놓여 있어요. 그림을 그려 축구공을 3개씩 묶어 보고, 축구공이 총 몇 개 있는지 세어 보세요.

3 × ☐ = ☐

답 : _____ 개

해바라기와 장미를 한곳에 심었어요. 해바라기의 키는 장미 키의 몇 배일까요?

3 × ☐ = 6

답 : _____ 배

민재와 친구들이 블록을 쌓아요.

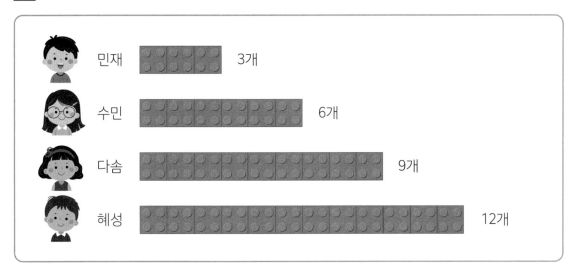

민재   3개

수민   6개

다솜   9개

혜성   12개

• 친구들이 쌓은 블록의 수를 곱셈으로 나타내 보세요.

민재 : 3 × ☐ = 3   다솜 : 3 × ☐ = 9

수민 : 3 × ☐ = 6   혜성 : 3 × ☐ = 12

만두가 담긴 쟁반 8개가 있어요. 한 쟁반에 있는 만두를 모두 먹었을 때 남은 만두는 총 몇 개일까요?

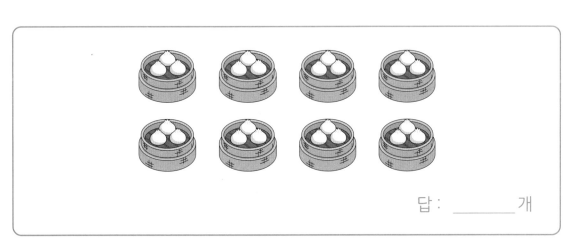

답 : _____개

✏️ 다음 ☐ 안에 알맞은 수를 쓰고, 규칙을 적어 보세요.

$3 \times 1 =$ ☐ $3 \times 9 =$ ☐

$3 \times 2 =$ ☐ $3 \times 8 =$ ☐

$3 \times 3 =$ ☐ $3 \times 7 =$ ☐

$3 \times 4 =$ ☐ $3 \times 6 =$ ☐

$3 \times 5 =$ ☐ $3 \times 5 =$ ☐

$3 \times 6 =$ ☐ $3 \times 4 =$ ☐

$3 \times 7 =$ ☐ $3 \times 3 =$ ☐

$3 \times 8 =$ ☐ $3 \times 2 =$ ☐

$3 \times 9 =$ ☐ $3 \times 1 =$ ☐

- 3에 곱해지는 수가 1씩 커질수록 값은 ☐ 씩 커져요.

- 3에 곱해지는 수가 1씩 작아질수록 값은 ☐ 씩 줄어요.

다음 ⬜ 안에 알맞은 수를 쓰세요.

$3 \times 5 =$ ⬜ $3 \times 4 =$ ⬜

$3 \times 7 =$ ⬜ $3 \times 9 =$ ⬜

$3 \times 3 =$ ⬜ $3 \times 6 =$ ⬜

$3 \times 2 =$ ⬜ $3 \times 8 =$ ⬜

나열된 수들의 규칙을 찾아 빈칸에 알맞은 수를 채워 주세요.

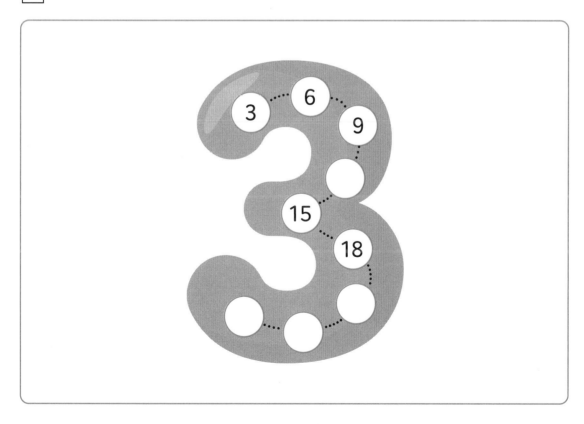

6단

$6 \times 1 =$ 6

$6 \times 2 =$ 12

$6 \times 3 =$ 18

$6 \times 4 =$ 24

$6 \times 5 =$ 30

$6 \times 6 =$ 36

$6 \times 7 =$ 42

$6 \times 8 =$ 48

$6 \times 9 =$ 54

6단은 1에서 9까지의 수에 6을 곱한 것이에요.
그래서 '6, 12, 18, 24, 30, 36……' 이렇게 6씩 늘어나요.

6단을 쉽게 익히기

6은 4와 더했을 때 10이 되는 숫자예요.
그래서 6단에서 십의 자리 숫자가 그대로일 때는 일의 자리
숫자가 6씩 늘어나지만, 십의 자리 숫자가 커질 때는 일의 자
리 숫자가 4씩 줄어들어요.

$6 \times 2 = 12$
$6 \times 3 = 18$ ⎬ +6

12→18, 30→36처럼
십의 자리 숫자가 그대로일 때는
일의 자리 숫자가 6씩 늘어요.

$6 \times 3 = 18$
$6 \times 4 = 24$ ⎬ -4

하지만 6→12, 18→24처럼
십의 자리 숫자가 커질 때는
일의 자리 숫자가 4씩 줄어요.

6단 개념
덧셈과 곱셈으로 표현하기

✏️ 다음 덧셈식을 곱셈식으로 나타내 보세요.

🍎🍎🍎🍎🍎🍎 + 🍎🍎🍎🍎🍎🍎 → $6 \times \boxed{} = \boxed{}$

$6 + 6 + 6 \rightarrow 6 \times \boxed{} = \boxed{}$

$6 + 6 + 6 + 6 \rightarrow 6 \times \boxed{} = \boxed{}$

$6 + 6 + 6 + 6 + 6 \rightarrow 6 \times \boxed{} = \boxed{}$

$6 + 6 + 6 + 6 + 6 + 6 \rightarrow 6 \times \boxed{} = \boxed{}$

$6 + 6 + 6 + 6 + 6 + 6 + 6 \rightarrow 6 \times \boxed{} = \boxed{}$

$6 + 6 + 6 + 6 + 6 + 6 + 6 + 6 \rightarrow 6 \times \boxed{} = \boxed{}$

$6 + 6 + 6 + 6 + 6 + 6 + 6 + 6 + 6 \rightarrow 6 \times \boxed{} = \boxed{}$

🔍 여기서 문제!

· ☐ 안에 알맞은 수를 써넣으세요.

🫘🫘🫘🫘🫘🫘　🫘🫘🫘🫘🫘🫘　$6 \times 2 = \boxed{}$

📝 구슬을 6개씩 묶어 8개의 통에 나눠 담았어요. 구슬은 총 몇 개일까요?

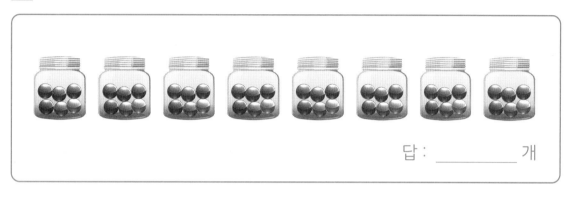

답 : _____ 개

📝 집에 있는 사탕을 엄마, 아빠, 이모, 이모부, 민아가 6개씩 나눠 가졌어요. 가족들이 나눠 가진 사탕은 총 몇 개일까요?

$6 \times \boxed{} = \boxed{}$

답 : _____ 개

쿠키가 한 줄에 6개씩 놓여 있어요. 그림을 그려 쿠키를 6개씩 묶어 보고, 쿠키가 총 몇 개 있는지 세어 보세요.

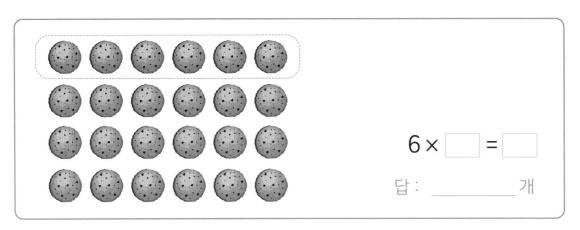

$6 \times \boxed{} = \boxed{}$

답 : _____ 개

블록의 개수를 보고 맞는 설명을 한 친구를 찾아 동그라미를 그려 보세요.

민재   곱셈식으로 나타내면 6×5=30이야.   (   )

수민   12에 6을 더한 값이야.   (   )

다솜   블록은 총 24개야.   (   )

📝 꽃 한 송이에 꽃잎이 6장씩 있어요. 꽃잎이 총 몇 장인지 곱셈식으로 나타내 보세요.

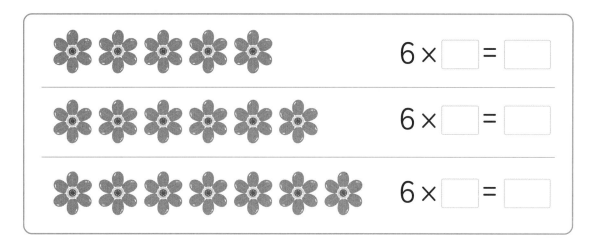

📝 친구들과 함께 놀기 위해 딱지를 만들었어요. 딱지가 모두 몇 개인지 곱셈식 으로 나타내 보세요.

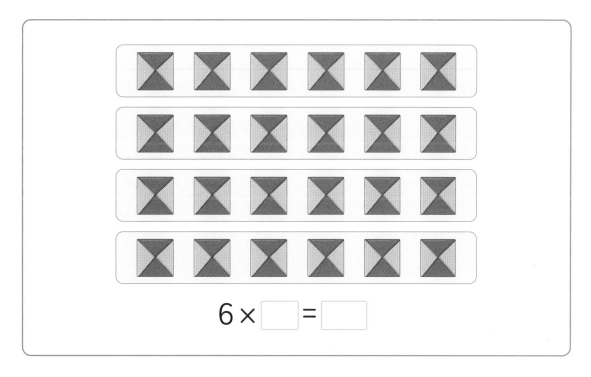

6단 연습 문제 풀기

✏️ 다음 ☐ 안에 알맞은 수를 쓰고 규칙을 적어 보세요.

$6 \times 1 = $ ☐ $6 \times 9 = $ ☐

$6 \times 2 = $ ☐ $6 \times 8 = $ ☐

$6 \times 3 = $ ☐ $6 \times 7 = $ ☐

$6 \times 4 = $ ☐ $6 \times 6 = $ ☐

$6 \times 5 = $ ☐ $6 \times 5 = $ ☐

$6 \times 6 = $ ☐ $6 \times 4 = $ ☐

$6 \times 7 = $ ☐ $6 \times 3 = $ ☐

$6 \times 8 = $ ☐ $6 \times 2 = $ ☐

$6 \times 9 = $ ☐ $6 \times 1 = $ ☐

• 6에 곱해지는 수가 1씩 커질수록 값은 ☐ 씩 커져요.

• 6에 곱해지는 수가 1씩 작아질수록 값은 ☐ 씩 줄어요.

다음 ☐ 안에 알맞은 수를 쓰세요.

$6 \times 5 =$ ☐ $6 \times 4 =$ ☐

$6 \times 7 =$ ☐ $6 \times 9 =$ ☐

$6 \times 3 =$ ☐ $6 \times 6 =$ ☐

$6 \times 2 =$ ☐ $6 \times 8 =$ ☐

나열된 수들의 규칙을 찾아 빈칸에 알맞은 수를 채워 주세요.

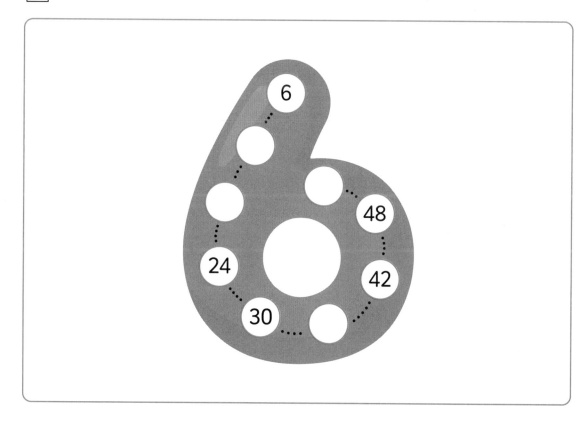

3단, 6단 복습하기

$3 \times 1 =$ ☐ $6 \times 9 =$ ☐

$3 \times 2 =$ ☐ $6 \times 8 =$ ☐

$3 \times 3 =$ ☐ $6 \times 7 =$ ☐

$3 \times 4 =$ ☐ $6 \times 6 =$ ☐

$3 \times 5 =$ ☐ $6 \times 5 =$ ☐

$3 \times 6 =$ ☐ $6 \times 4 =$ ☐

$3 \times 7 =$ ☐ $6 \times 3 =$ ☐

$3 \times 8 =$ ☐ $6 \times 2 =$ ☐

$3 \times 9 =$ ☐ $6 \times 1 =$ ☐

두 곱셈식을 계산하고, 3단과 6단은 어느 숫자가 겹치는지 찾아보세요.

$3 \times 2 =$ ☐ $6 \times 1 =$ ☐

• 3단과 6단은 숫자 ☐ 에서 겹쳐요.

✎ 3단과 6단에 알맞은 답을 적으세요.

$3 \times 5 = \boxed{}$ $3 \times 4 = \boxed{}$ $6 \times 2 = \boxed{}$

$3 \times 7 = \boxed{}$ $3 \times 9 = \boxed{}$ $6 \times 3 = \boxed{}$

$3 \times 1 = \boxed{}$ $6 \times 4 = \boxed{}$ $6 \times 5 = \boxed{}$

$3 \times 2 = \boxed{}$ $6 \times 7 = \boxed{}$ $6 \times 9 = \boxed{}$

✎ 3단과 6단은 어디에서 겹칠까요? 3단과 6단에서 겹치는 수를 찾아 줄을 그어 연결해 보세요.

3단 03 06 09 12 15 18 21 24 27

6단 06 12 18 24 30 36 42 48 54

빈칸을 채워 3단표를 완성시켜 보세요.

×	1	2	3	4	5	6	7	8	9
3	3								

3의 단에 해당하는 수의 일의 자리 숫자를 순서대로 선을 이어 연결해 보세요.

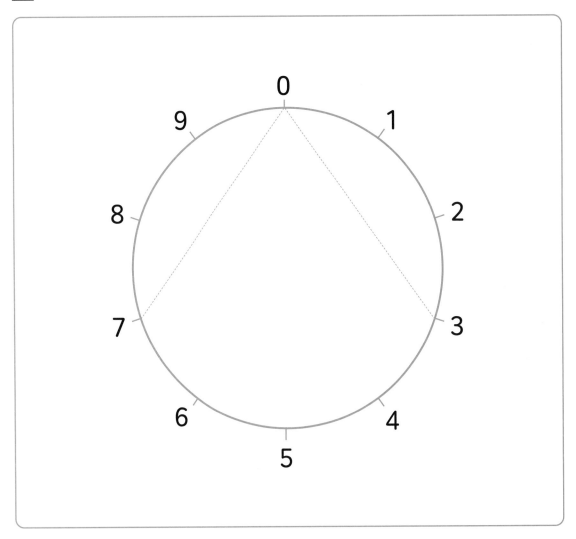

빈칸을 채워 6단표를 완성시켜 보세요.

×	1	2	3	4	5	6	7	8	9
6	6								

6의 단에 해당하는 수의 일의 자리 숫자를 순서대로 선을 이어 연결해 보세요.

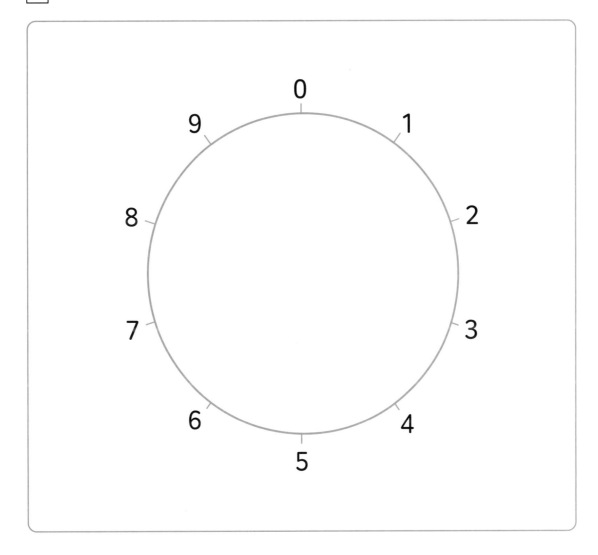

4단

$4 \times 1 = \boxed{4}$

$4 \times 2 = \boxed{8}$

$4 \times 3 = \boxed{12}$

$4 \times 4 = \boxed{16}$

$4 \times 5 = \boxed{20}$

$4 \times 6 = \boxed{24}$

$4 \times 7 = \boxed{28}$

$4 \times 8 = \boxed{32}$

$4 \times 9 = \boxed{36}$

4단은 1에서 9까지의 수에 4를 곱한 것이에요.

그래서 '4, 8, 12, 16, 20, 24……' 이렇게 4씩 늘어나요.

4단을 쉽게 익히기

4는 6과 더했을 때 10이 되는 숫자예요.

그래서 4단에서 십의 자리 숫자가 그대로일 때는 일의 자리 숫자가 4씩 늘어나지만, 십의 자리 숫자가 커질 때는 일의 자리 숫자가 6씩 줄어들어요.

$4 \times 1 = \underline{4}$

$4 \times 2 = \underline{8}$ $\quad$ +4

4→8, 12→16처럼
십의 자리 숫자가 그대로일 때는
일의 자리 숫자가 4씩 늘어요.

$4 \times 2 = \underline{8}$

$4 \times 3 = 1\underline{2}$ $\quad$ -6

하지만 8→12, 16→20처럼
십의 자리 숫자가 커질 때는
일의 자리 숫자가 6씩 줄어요.

4단 개념
덧셈과 곱셈으로 표현하기

✎ 다음 덧셈식을 곱셈식으로 나타내 보세요.

☕☕ + ☕☕ → 4 × ☐ = ☐

4 + 4 + 4 ➜ 4 × ☐ = ☐

4 + 4 + 4 + 4 ➜ 4 × ☐ = ☐

4 + 4 + 4 + 4 + 4 ➜ 4 × ☐ = ☐

4 + 4 + 4 + 4 + 4 + 4 ➜ 4 × ☐ = ☐

4 + 4 + 4 + 4 + 4 + 4 + 4 ➜ 4 × ☐ = ☐

4 + 4 + 4 + 4 + 4 + 4 + 4 + 4 ➜ 4 × ☐ = ☐

4 + 4 + 4 + 4 + 4 + 4 + 4 + 4 + 4 ➜ 4 × ☐ = ☐

🔍 여기서 문제!

• 4개씩 공을 묶으면 총 몇 묶음이 될까요?

4 × ☐ = ☐

답 : _____ 묶음

48

4단 원리 그림으로 알아보기

✏️ 자동차 5대가 주차장에 주차되어 있어요. 바퀴는 총 몇 개일까요?

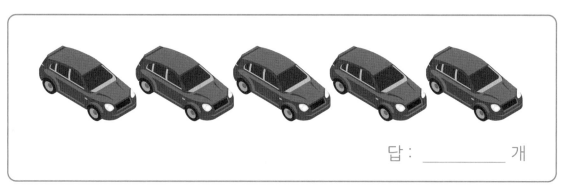

답 : _____ 개

✏️ 그림을 보고 알맞은 곱셈식으로 나타내고 계산해 보세요.

$4 \times 4 =$ □

$4 \times 7 =$ □

$4 \times 6 =$ □

$4 \times 8 =$ □

✏️ 수민이의 나이는 4세이고 수민이의 어머니 나이는 32세예요. 수민이의 어머니는 수민이보다 나이가 몇 배 더 많을까요?

수민 4세   수민 어머니 32세

$$4 \times \boxed{} = 32 \qquad 답 : \underline{} 배$$

✏️ 학생이 28명 있는 반에서 학생들을 4명씩 묶어 분단을 만들려고 해요. 그림을 그려 학생을 4명씩 묶어 보고, 총 몇 개의 분단이 만들어지는지 세어 보세요.

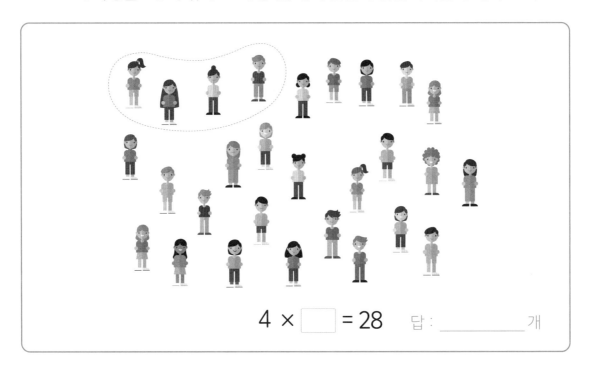

$$4 \times \boxed{} = 28 \qquad 답 : \underline{} 개$$

📝 식당에 4명씩 앉을 수 있는 식탁이 4개 있어요. 사람 4명이 들어와 식탁 하나에 전부 앉았다면 남은 식당 식탁에는 총 몇 명이 더 앉을 수 있을까요?

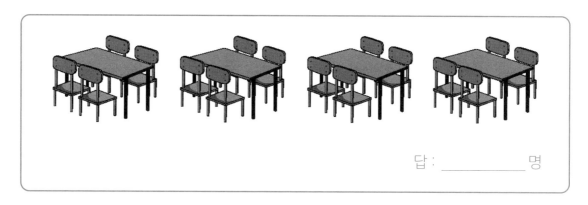

답 : _____ 명

📝 개구리들이 멀리뛰기 내기를 해요.

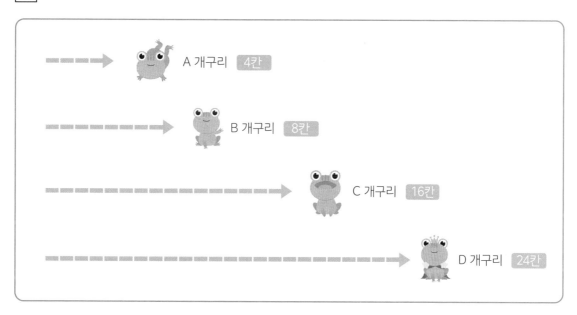

A 개구리 4칸

B 개구리 8칸

C 개구리 16칸

D 개구리 24칸

• C 개구리는 A 개구리보다 몇 배를 더 멀리 뛰었을까요?   답 : _____ 배

• D 개구리는 A 개구리보다 몇 배를 더 멀리 뛰었을까요?   답 : _____ 배

• B 개구리는 A 개구리보다 몇 배를 더 멀리 뛰었을까요?   답 : _____ 배

✎ 다음 ☐ 안에 알맞은 수를 쓰고 규칙을 적어 보세요.

$4 \times 1 =$ ☐ $4 \times 9 =$ ☐

$4 \times 2 =$ ☐ $4 \times 8 =$ ☐

$4 \times 3 =$ ☐ $4 \times 7 =$ ☐

$4 \times 4 =$ ☐ $4 \times 6 =$ ☐

$4 \times 5 =$ ☐ $4 \times 5 =$ ☐

$4 \times 6 =$ ☐ $4 \times 4 =$ ☐

$4 \times 7 =$ ☐ $4 \times 3 =$ ☐

$4 \times 8 =$ ☐ $4 \times 2 =$ ☐

$4 \times 9 =$ ☐ $4 \times 1 =$ ☐

• 4에 곱해지는 수가 1씩 커질수록 값은 ☐ 씩 커져요.

• 4에 곱해지는 수가 1씩 작아질수록 값은 ☐ 씩 줄어요.

다음 ⬜ 안에 알맞은 수를 쓰세요.

$4 \times 5 =$ ⬜　　　　$4 \times 4 =$ ⬜

$4 \times 7 =$ ⬜　　　　$4 \times 9 =$ ⬜

$4 \times 3 =$ ⬜　　　　$4 \times 6 =$ ⬜

$4 \times 2 =$ ⬜　　　　$4 \times 8 =$ ⬜

나열된 수들의 규칙을 찾아 빈칸에 알맞은 수를 채워 보세요.

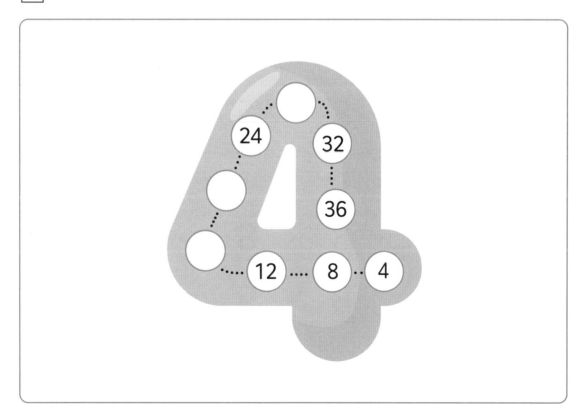

8단

$8 \times 1 = \boxed{8}$

$8 \times 2 = \boxed{16}$

$8 \times 3 = \boxed{24}$

$8 \times 4 = \boxed{32}$

$8 \times 5 = \boxed{40}$

$8 \times 6 = \boxed{48}$

$8 \times 7 = \boxed{56}$

$8 \times 8 = \boxed{64}$

$8 \times 9 = \boxed{72}$

8단은 1에서 9까지의 수에 8을 곱한 것이에요.

그래서 '8, 16, 24, 32, 40, 48……' 이렇게 8씩 늘어나요.

8단을 쉽게 익히기

8은 2과 더했을 때 10이 되는 숫자예요.

그래서 8단에서 십의 자리 숫자가 그대로일 때는 일의 자리 숫자가 8씩 늘어나지만, 십의 자리 숫자가 커질 때는 일의 자리 숫자가 2씩 줄어들어요.

$8 \times 5 = 4\underline{0}$

$8 \times 6 = 4\underline{8}$

$+8$

40→48처럼
십의 자리 숫자가 그대로일 때는
일의 자리 숫자가 8씩 늘어요.

$8 \times 1 = \underline{8}$

$8 \times 2 = 1\underline{6}$

-2

하지만 8→16, 16→24처럼
십의 자리 숫자가 커질 때는
일의 자리 숫자가 2씩 줄어요.

📝 다음 덧셈식을 곱셈식으로 나타내 보세요.

🍓🍓🍓🍓 + 🍓🍓🍓🍓
🍓🍓🍓🍓   🍓🍓🍓🍓   ➡ 8 × ☐ = ☐

8 + 8 + 8 ➡ 8 × ☐ = ☐

8 + 8 + 8 + 8 ➡ 8 × ☐ = ☐

8 + 8 + 8 + 8 + 8 ➡ 8 × ☐ = ☐

8 + 8 + 8 + 8 + 8 + 8 ➡ 8 × ☐ = ☐

8 + 8 + 8 + 8 + 8 + 8 + 8 ➡ 8 × ☐ = ☐

8 + 8 + 8 + 8 + 8 + 8 + 8 + 8 ➡ 8 × ☐ = ☐

8 + 8 + 8 + 8 + 8 + 8 + 8 + 8 + 8 ➡ 8 × ☐ = ☐

🔍 여기서 문제!

· ☐ 안에 알맞은 수를 써넣으세요.

🍓🍓🍓🍓🍓🍓🍓🍓   🍓🍓🍓🍓🍓🍓🍓🍓

8 × 2 = ☐

56

8단 원리
그림으로 알아보기

✏️ 다솜이네 반에서 8조각짜리 피자 4판을 1명이 1조각씩 먹었더니 피자가 하나도 남지 않았어요. 반 친구들은 총 몇 명일까요?

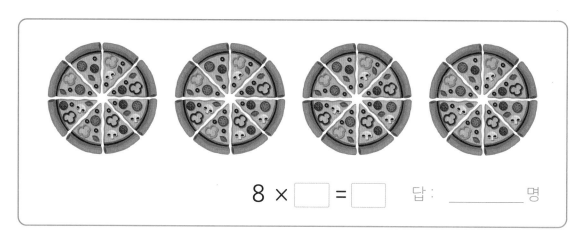

$$8 \times \boxed{} = \boxed{}$$ 답 : _____ 명

✏️ 8×5는 8×3보다 얼마나 더 큰지 빈칸에 귤을 그려 개수를 세어 보세요.

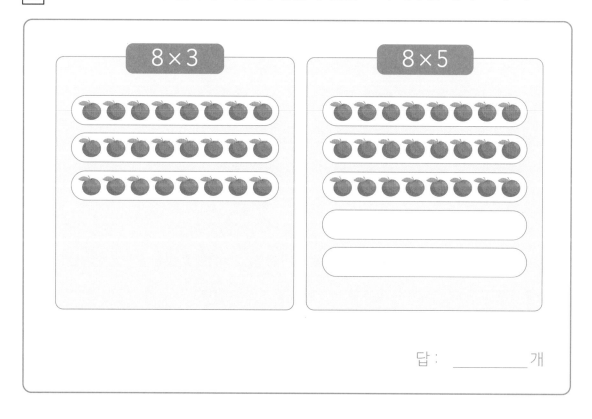

답 : _____ 개

8단 응용
개념 기반 다지기

📝 마트의 장난감 진열장에 장난감 8개가 놓여 있어요. 직원이 장난감 16개를 더 갖다 놓으면 장난감의 수는 처음에 있던 장난감 수보다 몇 배 많아질까요?

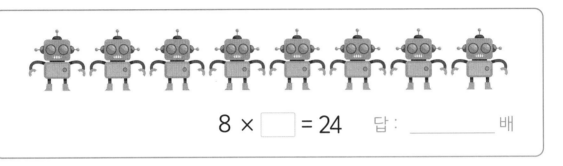

$8 \times \boxed{} = 24$ 답 : _____ 배

📝 혜성이는 8세이고 혜성의 할머니는 56세예요. 그렇다면 혜성의 할머니는 혜성이보다 몇 배나 더 나이가 많은 걸까요?

혜성 8세   혜성 할머니 56세

$8 \times \boxed{} = 56$ 답 : _____ 배

③ 8장의 꽃잎이 있는 꽃이 있어요. 꽃이 4송이 있다면 꽃잎은 총 몇 장일까요?

$8 \times \boxed{} = \boxed{}$

답 : _____ 장

 놀이 기구 1칸에 사람이 8명씩 타고 있어요.

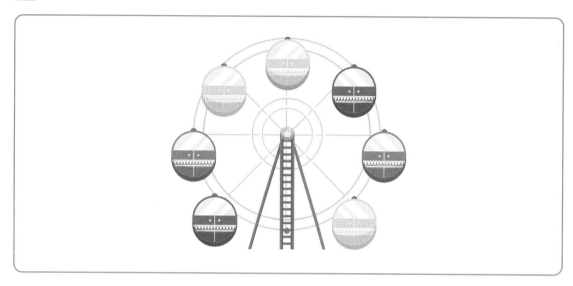

• 놀이 기구 2칸에 타고 있는 사람은 총 몇 명인가요?

$$8 \times \boxed{} = \boxed{} \qquad 답: \underline{} 명$$

• 24명이 관람차에 탑승하려고 해요. 총 몇 칸이 필요할까요?

$$8 \times \boxed{} = 24 \qquad 답: \underline{} 칸$$

 다음 중 알맞은 값에 동그라미를 그려 보세요.

8 × 5		
27	40	54

8 × 9		
18	72	76

8 × 3		
10	19	24

8 × 4		
32	33	34

8 × 8		
38	56	64

8 × 2		
14	16	26

✏️ 다음 ☐ 안에 알맞은 수를 쓰고 규칙을 적어 보세요.

$8 \times 1 =$ ☐ $8 \times 9 =$ ☐

$8 \times 2 =$ ☐ $8 \times 8 =$ ☐

$8 \times 3 =$ ☐ $8 \times 7 =$ ☐

$8 \times 4 =$ ☐ $8 \times 6 =$ ☐

$8 \times 5 =$ ☐ $8 \times 5 =$ ☐

$8 \times 6 =$ ☐ $8 \times 4 =$ ☐

$8 \times 7 =$ ☐ $8 \times 3 =$ ☐

$8 \times 8 =$ ☐ $8 \times 2 =$ ☐

$8 \times 9 =$ ☐ $8 \times 1 =$ ☐

- 8에 곱해지는 수가 1씩 커질수록 값은 ☐ 씩 커져요.

- 8에 곱해지는 수가 1씩 작아질수록 값은 ☐ 씩 줄어요.

📝 다음 ☐ 안에 알맞은 수를 쓰세요.

$8 \times 5 =$ ☐ $8 \times 4 =$ ☐

$8 \times 7 =$ ☐ $8 \times 9 =$ ☐

$8 \times 3 =$ ☐ $8 \times 6 =$ ☐

$8 \times 2 =$ ☐ $8 \times 8 =$ ☐

📝 8단에 해당하는 숫자를 찾아 동그라미를 그려 보세요.

8	48
15	56
24	64
33	77
42	87

4단, 8단 복습하기

$4 \times 1 =$ ☐ $8 \times 9 =$ ☐

$4 \times 2 =$ ☐ $8 \times 8 =$ ☐

$4 \times 3 =$ ☐ $8 \times 7 =$ ☐

$4 \times 4 =$ ☐ $8 \times 6 =$ ☐

$4 \times 5 =$ ☐ $8 \times 5 =$ ☐

$4 \times 6 =$ ☐ $8 \times 4 =$ ☐

$4 \times 7 =$ ☐ $8 \times 3 =$ ☐

$4 \times 8 =$ ☐ $8 \times 2 =$ ☐

$4 \times 9 =$ ☐ $8 \times 1 =$ ☐

두 곱셈식을 계산하고, 4단과 8단은 어느 숫자가 겹치는지 찾아보세요.

$4 \times 2 =$ ☐ $8 \times 1 =$ ☐

• 4단과 8단은 숫자 ☐ 에서 겹쳐요.

📝 4단과 8단에 알맞은 답을 적어 보세요.

$4 \times 5 =$ ☐ $4 \times 4 =$ ☐ $8 \times 2 =$ ☐

$4 \times 7 =$ ☐ $4 \times 9 =$ ☐ $8 \times 3 =$ ☐

$4 \times 1 =$ ☐ $8 \times 4 =$ ☐ $8 \times 5 =$ ☐

$4 \times 2 =$ ☐ $8 \times 7 =$ ☐ $8 \times 9 =$ ☐

📝 4단과 8단은 어디에서 겹칠까요? 4단과 8단에서 겹치는 수를 찾아 줄을 그어 연결해 보세요.

4단 04 08 12 16 20 24 28 32 36

8단 08 16 24 32 40 48 56 64 72

✏️ 빈칸을 채워 4단표를 완성시켜 보세요.

×	1	2	3	4	5	6	7	8	9
4	4								

✏️ 4의 단에 해당하는 수의 일의 자리 숫자를 순서대로 선을 이어 연결해 보세요.

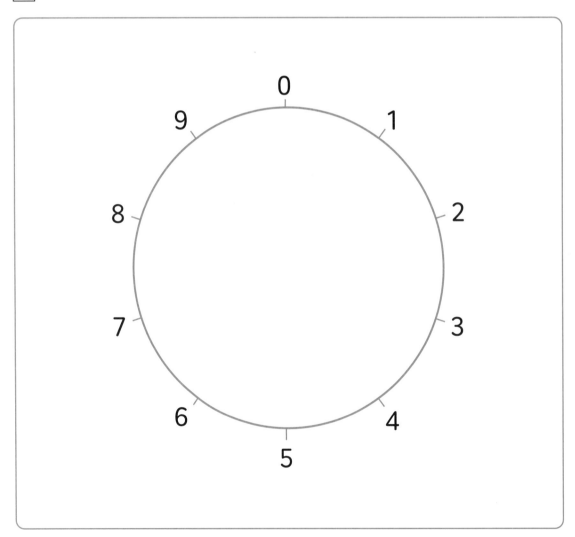

빈칸을 채워 8단표를 완성시켜 보세요.

×	1	2	3	4	5	6	7	8	9
8	8								

8의 단에 해당하는 수의 일의 자리 숫자를 순서대로 선을 이어 연결해 보세요.

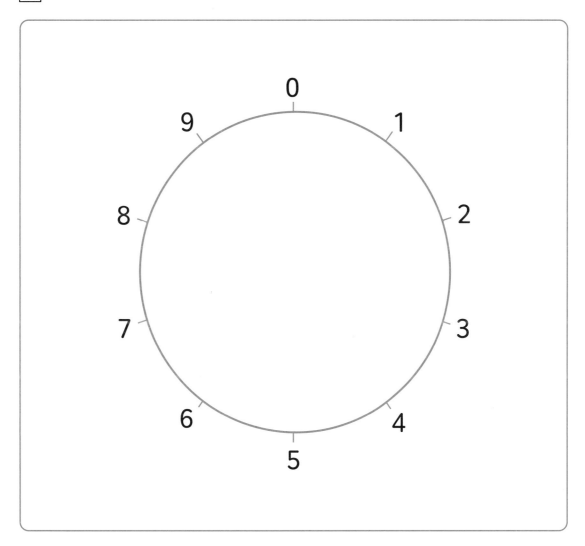

7단

$7 \times 1 = \boxed{7}$

$7 \times 2 = \boxed{14}$

$7 \times 3 = \boxed{21}$

$7 \times 4 = \boxed{28}$

$7 \times 5 = \boxed{35}$

$7 \times 6 = \boxed{42}$

$7 \times 7 = \boxed{49}$

$7 \times 8 = \boxed{56}$

$7 \times 9 = \boxed{63}$

개념

7단은 1에서 9까지의 수에 7을 곱한 것이에요.

그래서 '7, 14, 21, 28, 35, 42……' 이렇게 7씩 늘어나요.

7단을 쉽게 익히기

7은 3과 더했을 때 10이 되는 숫자예요.

그래서 7단에서 십의 자리 숫자가 그대로일 때는 일의 자리 숫자가 7씩 늘어나지만, 십의 자리 숫자가 커질 때는 일의 자리 숫자가 3씩 줄어들어요.

$7 \times 3 = \underline{21}$
$7 \times 4 = \underline{28}$ $+7$

21→28, 42→49처럼
십의 자리 숫자가 그대로일 때는
일의 자리 숫자가 7씩 늘어요.

$7 \times 1 = \underline{7}$
$7 \times 2 = \underline{14}$ -3

하지만 7→14, 14→21처럼
십의 자리 숫자가 커질 때는
일의 자리 숫자가 3씩 줄어요.

✏️ 다음 덧셈식을 곱셈식으로 나타내 보세요.

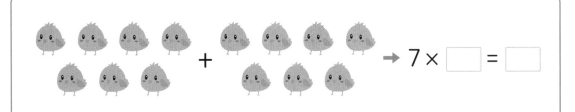

$7 \times \boxed{} = \boxed{}$

$7 + 7 + 7 \;\rightarrow\; 7 \times \boxed{} = \boxed{}$

$7 + 7 + 7 + 7 \;\rightarrow\; 7 \times \boxed{} = \boxed{}$

$7 + 7 + 7 + 7 + 7 \;\rightarrow\; 7 \times \boxed{} = \boxed{}$

$7 + 7 + 7 + 7 + 7 + 7 \;\rightarrow\; 7 \times \boxed{} = \boxed{}$

$7 + 7 + 7 + 7 + 7 + 7 + 7 \;\rightarrow\; 7 \times \boxed{} = \boxed{}$

$7 + 7 + 7 + 7 + 7 + 7 + 7 + 7 \;\rightarrow\; 7 \times \boxed{} = \boxed{}$

$7 + 7 + 7 + 7 + 7 + 7 + 7 + 7 + 7 \;\rightarrow\; 7 \times \boxed{} = \boxed{}$

🔍 **여기서 문제!**

· $\boxed{}$ 안에 알맞은 수를 써넣으세요.

$7 \times 2 = \boxed{}$

✏️ 닭고기가 7조각 꽂힌 닭꼬치를 5개 샀어요. 그러면 총 몇 조각의 닭고기를 먹을 수 있을까요?

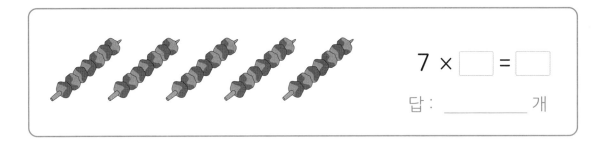

7 × ☐ = ☐

답 : _____ 개

✏️ 나무 한 그루에 큰 가지가 7개 있어요. 나뭇가지는 총 몇 개일까요?

7 × ☐ = ☐

답 : _____ 개

✏️ 쟁반 하나에 컵이 7개 놓여 있어요. 컵은 총 몇 개일까요?

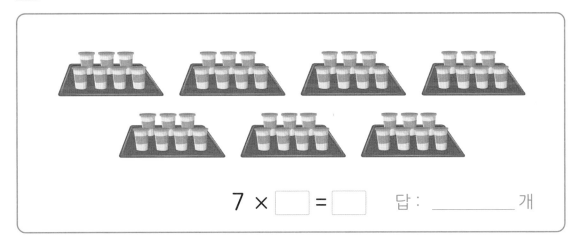

7 × ☐ = ☐   답 : _____ 개

✏️ 마트의 장난감 진열장에 장난감 7개가 놓여 있어요. 직원이 장난감 21개를 더 가져와 놓으면 진열장의 장난감은 처음에 있던 장난감 수보다 몇 배 더 많아질까요?

7 × ☐ = 28   답 : _____ 배

✏️ 다솜이는 7세고 다솜의 할머니는 63세예요. 그렇다면 다솜의 할머니는 다솜이보다 몇 배나 더 나이가 많은 걸까요?

다솜 7세   다솜 할머니 63세

7 × ☐ = ☐   답 : _____ 배

✏️ 7장의 꽃잎이 있는 꽃이 있어요. 꽃이 총 4송이 있다면 꽃잎은 총 몇 장일까요?

7 × ☐ = ☐

답 : _____ 장

사탕 7개가 들어 있는 봉지 6개가 있었는데 친구들이 집에 놀러와 1봉지를 뜯어 전부 먹었어요. 남은 사탕은 총 몇 개일까요?

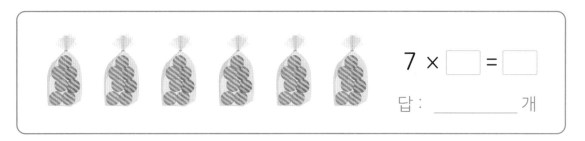

$7 \times \boxed{} = \boxed{}$

답 : _____ 개

문구점에서 스티커 7개가 붙어 있는 종이 5장을 샀어요. 그런데 집으로 가는 길에 종이 2장을 잃어버리고 말았어요. 남은 스티커는 총 몇 개일까요?

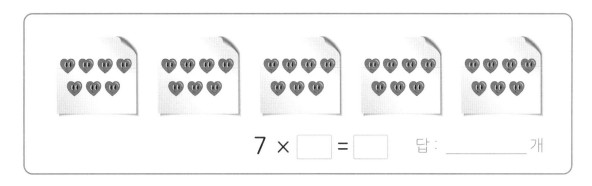

$7 \times \boxed{} = \boxed{}$ 답 : _____ 개

감자가 1자루에 7개씩 들어 있어요. 마트에서 엄마가 감자 3자루를 사 왔는데, 아빠도 퇴근길에 감자 2자루를 사 왔어요. 감자는 총 몇 개일까요?

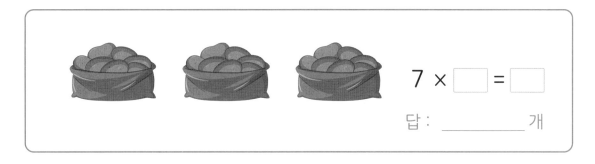

$7 \times \boxed{} = \boxed{}$

답 : _____ 개

7단 연습 문제 풀기

✎ 다음 ☐ 안에 알맞은 수를 쓰고 규칙을 적어 보세요.

$7 \times 1 =$ ☐ $7 \times 9 =$ ☐

$7 \times 2 =$ ☐ $7 \times 8 =$ ☐

$7 \times 3 =$ ☐ $7 \times 7 =$ ☐

$7 \times 4 =$ ☐ $7 \times 6 =$ ☐

$7 \times 5 =$ ☐ $7 \times 5 =$ ☐

$7 \times 6 =$ ☐ $7 \times 4 =$ ☐

$7 \times 7 =$ ☐ $7 \times 3 =$ ☐

$7 \times 8 =$ ☐ $7 \times 2 =$ ☐

$7 \times 9 =$ ☐ $7 \times 1 =$ ☐

• 7에 곱해지는 수가 1씩 커질수록 값은 ☐ 씩 커져요.

• 7에 곱해지는 수가 1씩 작아질수록 값은 ☐ 씩 줄어요.

✏️ 다음 ☐ 안에 알맞은 수를 쓰세요.

$7 \times 5 =$ ☐ $7 \times 4 =$ ☐

$7 \times 7 =$ ☐ $7 \times 9 =$ ☐

$7 \times 3 =$ ☐ $7 \times 6 =$ ☐

$7 \times 2 =$ ☐ $7 \times 8 =$ ☐

✏️ 7단에 해당하는 숫자를 찾아 동그라미를 그려 보세요.

7	49
15	55
24	56
33	63
42	66

9단

$$9 \times 1 = \boxed{9}$$

$$9 \times 2 = \boxed{18}$$

$$9 \times 3 = \boxed{27}$$

$$9 \times 4 = \boxed{36}$$

$$9 \times 5 = \boxed{45}$$

$$9 \times 6 = \boxed{54}$$

$$9 \times 7 = \boxed{63}$$

$$9 \times 8 = \boxed{72}$$

$$9 \times 9 = \boxed{81}$$

9단은 1에서 9까지의 수에 9를 곱한 것이에요.

그래서 '9, 18, 27, 36, 45, 54······' 이렇게 9씩 늘어나요.

9단을 쉽게 익히기

9는 1과 더했을 때 10이 되는 숫자예요.

그래서 9단에서 십의 자리 숫자가 커질 때 일의 자리

숫자가 1씩 줄어들어요.

$9 \times 1 = \underline{9}$

$9 \times 2 = \underline{18}$

-1

9→18, 18→27처럼

십의 자리 숫자가 커질 때,

일의 자리 숫자가 1씩 줄어요.

📝 다음 덧셈식을 곱셈식으로 나타내 보세요.

→ 9 × ☐ = ☐

9 + 9 + 9 → 9 × ☐ = ☐

9 + 9 + 9 + 9 → 9 × ☐ = ☐

9 + 9 + 9 + 9 + 9 → 9 × ☐ = ☐

9 + 9 + 9 + 9 + 9 + 9 → 9 × ☐ = ☐

9 + 9 + 9 + 9 + 9 + 9 + 9 → 9 × ☐ = ☐

9 + 9 + 9 + 9 + 9 + 9 + 9 + 9 → 9 × ☐ = ☐

9 + 9 + 9 + 9 + 9 + 9 + 9 + 9 + 9 → 9 × ☐ = ☐

여기서 문제!

· ☐ 안에 알맞은 수를 써넣으세요.

9 × 2 = ☐

한 그릇에 떡이 9개 들어간 떡국이 7그릇 있어요. 떡국에 들어간 떡은 총 몇 개일까요?

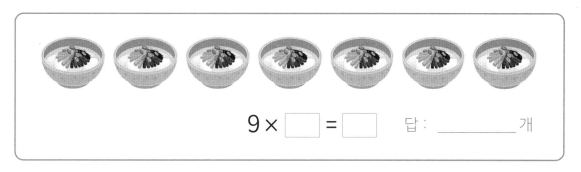

9 × ☐ = ☐   답 : _____ 개

부모님이 시장에서 당근 9개가 들어간 봉투 2개를 사 오셨어요. 당근은 총 몇 개일까요?

9 × ☐ = ☐

답 : _____ 개

젤리 1봉지에는 젤리가 9개 들어 있어요. 젤리 6팩이 있다면 젤리는 총 몇 개일까요?

9 × ☐ = ☐   답 : _____ 개

📝 다음 중 알맞은 값에 동그라미를 그려 보세요.

9 × 6		
45	49	54

9 × 9		
63	72	81

9 × 8		
48	52	72

9 × 2		
18	24	27

9 × 3		
19	21	27

9 × 5		
41	45	49

📝 구슬 9개를 꿰서 만든 팔찌 7개가 있어요. 그런데 친구가 똑같은 팔찌 2개를 더 가져왔어요. 구슬은 총 몇 개일까요?

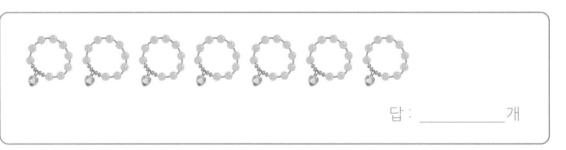

답 : _____ 개

📝 집에 물고기 9마리가 들어간 어항이 4개 있어요. 어항 1개를 옆집에 선물하면 집에 남은 물고기는 몇 마리가 될까요?

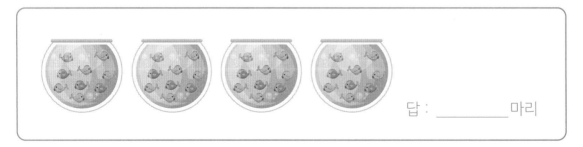

답 : _____ 마리

9마리 동물이 달리기를 해요. 동물의 위치를 보고 물음에 답하세요.

- 개의 위치는 9의 ☐ 배   9 × ☐ = 9

- 코뿔소의 위치는 9의 ☐ 배   9 × ☐ = 27

- 사자의 위치는 9의 ☐ 배   9 × ☐ = 63

- 곰의 위치는 9의 ☐ 배   9 × ☐ = 45

- 기린은 🐶 개보다 ☐ 배 앞서 있어요   9 × ☐ = 72

- 사슴은 🐶 개보다 ☐ 배 앞서 있어요.   9 × ☐ = 54

- 얼룩말은 81미터를 달려 결승선에 도착했어요. 🐶 개가 결승선에 도착하려면 지금까지 온 거리보다 몇 배 더 가야 할까요?

  9 × ☐ = ☐   답 : _____ 배

9단 연습 문제 풀기

✏️ 다음 ☐ 안에 알맞은 수를 쓰고 규칙을 적어 보세요.

$9 \times 1 = $ ☐ $9 \times 9 = $ ☐

$9 \times 2 = $ ☐ $9 \times 8 = $ ☐

$9 \times 3 = $ ☐ $9 \times 7 = $ ☐

$9 \times 4 = $ ☐ $9 \times 6 = $ ☐

$9 \times 5 = $ ☐ $9 \times 5 = $ ☐

$9 \times 6 = $ ☐ $9 \times 4 = $ ☐

$9 \times 7 = $ ☐ $9 \times 3 = $ ☐

$9 \times 8 = $ ☐ $9 \times 2 = $ ☐

$9 \times 9 = $ ☐ $9 \times 1 = $ ☐

- 9에 곱해지는 수가 1씩 커질수록 값은 ☐ 씩 커져요.

- 9에 곱해지는 수가 1씩 작아질수록 값은 ☐ 씩 줄어요.

다음 ☐ 안에 알맞은 수를 써 보세요.

$9 \times 5 =$ ☐ $9 \times 4 =$ ☐

$9 \times 9 =$ ☐ $9 \times 7 =$ ☐

$9 \times 3 =$ ☐ $9 \times 6 =$ ☐

$9 \times 2 =$ ☐ $9 \times 8 =$ ☐

9단에 해당하는 숫자를 찾아 동그라미를 그려 보세요.

9	55
18	64
28	72
35	81
45	87

7단, 9단 복습하기

$7 \times 1 =$ ☐ $9 \times 9 =$ ☐

$7 \times 2 =$ ☐ $9 \times 8 =$ ☐

$7 \times 3 =$ ☐ $9 \times 7 =$ ☐

$7 \times 4 =$ ☐ $9 \times 6 =$ ☐

$7 \times 5 =$ ☐ $9 \times 5 =$ ☐

$7 \times 6 =$ ☐ $9 \times 4 =$ ☐

$7 \times 7 =$ ☐ $9 \times 3 =$ ☐

$7 \times 8 =$ ☐ $9 \times 2 =$ ☐

$7 \times 9 =$ ☐ $9 \times 1 =$ ☐

두 곱셈을 계산하고, 7단과 9단은 어느 숫자가 겹치는지 찾아보세요.

$7 \times 9 =$ ☐ $9 \times 7 =$ ☐

- 7단과 9단은 숫자 ☐ 에서 겹쳐요.

✏️ 7단과 9단에 알맞은 답을 적어 보세요.

7 × 5 = ☐   7 × 4 = ☐   9 × 2 = ☐

7 × 7 = ☐   7 × 9 = ☐   9 × 3 = ☐

7 × 1 = ☐   9 × 4 = ☐   9 × 5 = ☐

7 × 2 = ☐   9 × 7 = ☐   9 × 9 = ☐

✏️ 손을 펼쳐 9의 단을 쉽게 이해해 보아요. 맨 왼쪽 손가락부터 한 개씩 차례로 접어 보세요. 접힌 손가락 기준으로 왼쪽은 십의 자리, 오른쪽은 일의 자리라고 생각하면 돼요. *9단의 일의 자리 숫자와 십의 자리 숫자의 합은 항상 9가 돼요.

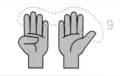
9 × 1 = 9

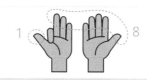
9 × 2 = 18

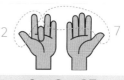
9 × 3 = 27

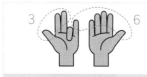
9 × 4 = 36

9 × 5 = 45

9 × 6 = 54

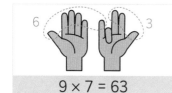
9 × 7 = 63

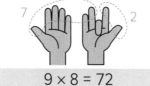
9 × 8 = 72

9 × 9 = 81

빈칸을 채워 7단표를 완성시켜 보세요.

×	1	2	3	4	5	6	7	8	9
7	7								

7의 단에 해당하는 수의 일의 자리 숫자를 순서대로 선을 이어 연결해 보세요.

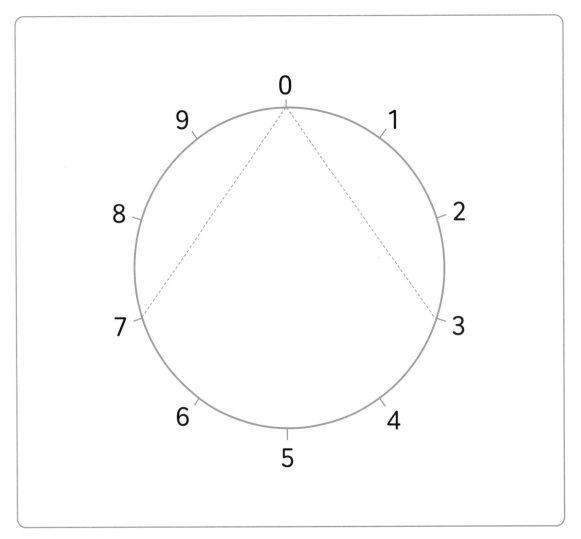

✏️ 빈칸을 채워 9단표를 완성시켜 보세요.

×	1	2	3	4	5	6	7	8	9
9	9								

✏️ 9의 단에 해당하는 수의 일의 자리 숫자를 순서대로 선을 이어 연결해 보세요.

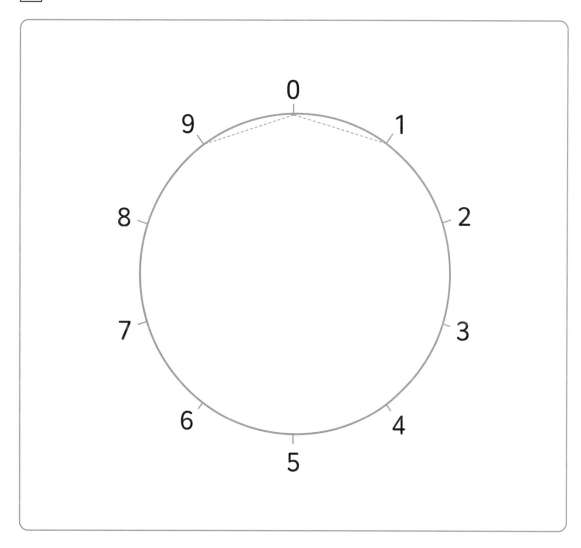

0단

$0 \times 1 =$ 0

$0 \times 2 =$ 0

$0 \times 3 =$ 0

$0 \times 4 =$ 0

$0 \times 5 =$ 0

$0 \times 6 =$ 0

$0 \times 7 =$ 0

$0 \times 8 =$ 0

$0 \times 9 =$ 0

1단

$1 \times 1 = \boxed{1}$

$1 \times 2 = \boxed{2}$

$1 \times 3 = \boxed{3}$

$1 \times 4 = \boxed{4}$

$1 \times 5 = \boxed{5}$

$1 \times 6 = \boxed{6}$

$1 \times 7 = \boxed{7}$

$1 \times 8 = \boxed{8}$

$1 \times 9 = \boxed{9}$

10단

10 × 1 = 10
10 × 2 = 20
10 × 3 = 30
10 × 4 = 40
10 × 5 = 50
10 × 6 = 60
10 × 7 = 70
10 × 8 = 80
10 × 9 = 90

0단은 1에서 9까지의 수에 0을 곱한 것이에요.
그래서 '0, 0, 0, 0, 0, 0……' 이렇게 0씩 늘어나요.

1단은 1에서 9까지의 수에 1을 곱한 것이에요.
그래서 '1, 2, 3, 4, 5, 6……' 이렇게 1씩 늘어나요.

10단은 1에서 9까지의 수에 10을 곱한 것이에요.
그래서 '10, 20, 30, 40, 50, 60……' 이렇게 10씩 늘어나요.

0단, 1단, 10단을 쉽게 익히기

0은 0씩 늘어나도 0이에요.
또한, 0과 어떤 수의 곱은 항상 0이 돼요.

1과 어떤 수의 곱은 항상 곱한 수와 같아요.
그래서 1단에서 일의 자리 숫자는 1씩 늘어나요.

어떤 수와 10의 곱은 항상 10씩 커져요.
10단은 일의 자리 숫자가 커지지 않아요.

0단, 1단, 10단

개념 덧셈과 곱셈으로 표현하기

$0+0=$ ⬜ → $0 \times 2 =$ ⬜

$0+0+0=$ ⬜ → $0 \times 3 =$ ⬜

0 곱하기 △는 항상 0이에요.

$1+1+1+1=$ ⬜ → $1 \times 4 =$ ⬜

$1+1+1+1+1=$ ⬜ → $1 \times 5 =$ ⬜

1 곱하기 ⬜는 항상 ⬜예요.

$10+10+10+10+10+10=$ ⬜

→ $10 \times 6 =$ ⬜

$10+10+10+10+10+10+10=$ ⬜

→ $10 \times 7 =$ ⬜

10 곱하기 ★은 ★ 뒤에 0을 붙인 값이에요.

 빵이 하나도 들어 있지 않은 바구니 5개가 있어요. 바구니를 하나가 더 가져 오면 빵은 몇 개 늘어날까요?

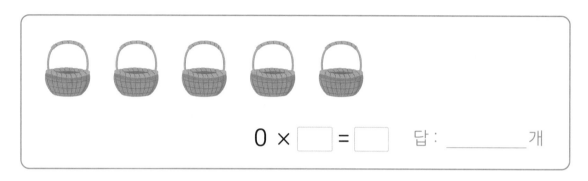

$$0 \times \boxed{} = \boxed{}$$ 답 : _____ 개

 꼬치 하나에 소세지가 하나씩 꽂혀 있어요. 소세지는 총 몇 개일까요?

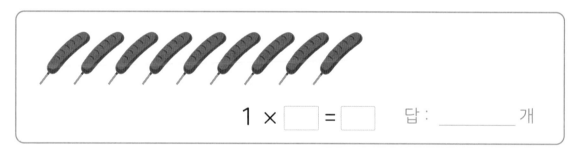

$$1 \times \boxed{} = \boxed{}$$ 답 : _____ 개

 노트가 5권 있어요. 노트에 스티커를 10개씩 붙이면 스티커를 총 몇 개 붙일 수 있을까요?

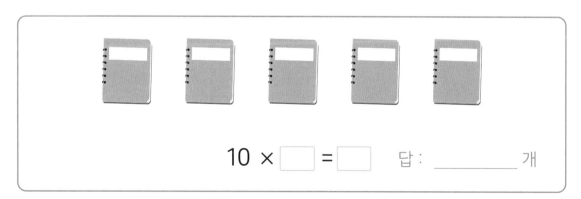

$$10 \times \boxed{} = \boxed{}$$ 답 : _____ 개

생선이 하나도 들어 있지 않은 접시 6개가 있어요. 엄마가 접시 3개를 치웠다면 접시 위의 생선은 몇 마리가 될까요?

0 × ☐ = ☐

답 : _____마리

한 번에 1명만 탈 수 있는 그네가 5개 있어요. 다솜이가 그네를 타고 있는데, 3명이 더 와서 그네를 타기 시작했어요. 그네를 타고 있는 사람은 총 몇 명일까요?

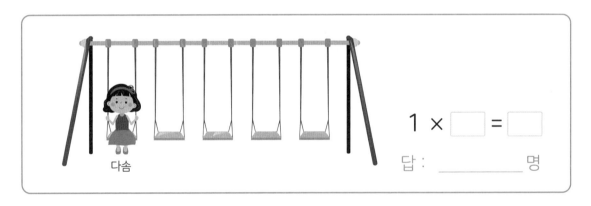

다솜

1 × ☐ = ☐

답 : _____명

포도알이 10알씩 달린 포도가 4송이 있어요. 삼촌이 포도 한 송이를 다 먹었다면 남은 포도는 몇 알일까요?

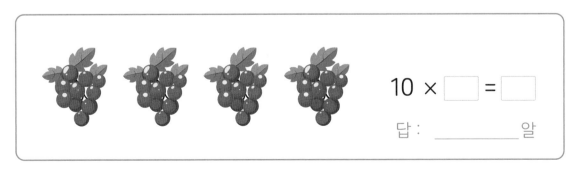

10 × ☐ = ☐

답 : _____알

0단, 1단, 10단
응용 개념 활용하기

✎ 사격 게임을 했어요. 장난감 총을 쏴서 장난감을 맞추지 못하면 0점, 장난감을 맞추면 1점, 장난감을 맞춰서 떨어뜨리면 10점이에요. 민재, 수민, 다솜이가 각각 5발을 쏴서 아래와 같은 결과가 나왔어요. 점수표를 보고 물음에 답하세요.

	첫 번째 탄	두 번째 탄	세 번째 탄	네 번째 탄	다섯 번째 탄
민 재	1	1	1	1	0
수 민	1	1	0	10	0
다 솜	1	10	10	0	0

• 첫 번째 탄에서 민재와 수민, 다솜이가 얻은 점수의 합을 곱셈으로 나타내 보세요.

$1 \times \boxed{} = \boxed{}$

• 다섯 번째 탄에서 민재와 수민, 다솜이가 얻은 점수의 합을 곱셈으로 나타내 보세요.

$0 \times \boxed{} = \boxed{}$

• 다솜이가 맞춰서 떨어트린 장난감은 몇 개인지 곱셈으로 나타내 보세요.

$10 \times \boxed{} = \boxed{}$

• 민재와 수민, 다솜의 총 점수를 각각 써 보세요.

민재 : _____ 점   수민 : _____ 점   다솜 : _____ 점

다음 ☐ 안에 알맞은 수를 쓰세요.

$1 \times 1 = $ ☐ $10 \times 9 = $ ☐

$1 \times 2 = $ ☐ $10 \times 8 = $ ☐

$1 \times 3 = $ ☐ $10 \times 7 = $ ☐

$1 \times 4 = $ ☐ $10 \times 6 = $ ☐

$1 \times 5 = $ ☐ $10 \times 5 = $ ☐

$1 \times 6 = $ ☐ $10 \times 4 = $ ☐

$1 \times 7 = $ ☐ $10 \times 3 = $ ☐

$1 \times 8 = $ ☐ $10 \times 2 = $ ☐

$1 \times 9 = $ ☐ $10 \times 1 = $ ☐

📝 다음 ☐ 안에 알맞은 수를 쓰세요.

$0 \times 5 =$ ☐ $0 \times 4 =$ ☐

$0 \times 9 =$ ☐ $0 \times 7 =$ ☐

$0 \times 3 =$ ☐ $0 \times 6 =$ ☐

$0 \times 2 =$ ☐ $0 \times 8 =$ ☐

📝 0단에 해당하는 숫자는 네모, 10단에 해당하는 숫자는 동그라미를 그려 보세요.

0	5	10	15
1	6	11	16
2	7	12	17
3	8	13	18
4	9	14	19

📝 문제를 풀어 보세요.

$0 \times 1 =$ ⬚ $1 \times 9 =$ ⬚ $10 \times 1 =$ ⬚

$0 \times 2 =$ ⬚ $1 \times 8 =$ ⬚ $10 \times 2 =$ ⬚

$0 \times 3 =$ ⬚ $1 \times 7 =$ ⬚ $10 \times 3 =$ ⬚

$0 \times 4 =$ ⬚ $1 \times 6 =$ ⬚ $10 \times 4 =$ ⬚

$0 \times 5 =$ ⬚ $1 \times 5 =$ ⬚ $10 \times 5 =$ ⬚

$0 \times 6 =$ ⬚ $1 \times 4 =$ ⬚ $10 \times 6 =$ ⬚

$0 \times 7 =$ ⬚ $1 \times 3 =$ ⬚ $10 \times 7 =$ ⬚

$0 \times 8 =$ ⬚ $1 \times 2 =$ ⬚ $10 \times 8 =$ ⬚

$0 \times 9 =$ ⬚ $1 \times 1 =$ ⬚ $10 \times 9 =$ ⬚

📝 0단과 1단, 10단에 알맞은 답을 적어 보세요.

$0 \times 5 = \boxed{}$　　$1 \times 4 = \boxed{}$　　$10 \times 2 = \boxed{}$

$0 \times 7 = \boxed{}$　　$1 \times 9 = \boxed{}$　　$10 \times 3 = \boxed{}$

$0 \times 1 = \boxed{}$　　$1 \times 3 = \boxed{}$　　$10 \times 5 = \boxed{}$

$0 \times 2 = \boxed{}$　　$1 \times 7 = \boxed{}$　　$10 \times 9 = \boxed{}$

📝 0단, 1단, 10단의 법칙에 따라 과자의 개수가 얼마나 늘어나는지 적어 보세요.

• 접시 위에 과자가 0개 있어요. 접시의 수가 늘어날 때마다 과자는 $\boxed{}$ 개씩 늘어나요.

➡ 0과 어떤 수의 곱은 항상 $\boxed{}$ 이 돼요.

• 접시 위에 과자가 1개 있어요. 접시의 수가 늘어날 때마다 과자는 $\boxed{}$ 개씩 늘어나요.

➡ 1과 어떤 수의 곱은 항상 곱한 수와 같아요.

• 접시 위에 과자가 10개 있어요. 접시의 수가 늘어날 때마다 과자는 $\boxed{}$ 개씩 늘어나요.

➡ 10과 어떤 수의 곱은 항상 어떤 수의 $\boxed{}$ 배씩 커져요.

종합 평가

종합 평가

✎ 일기를 읽어 보고 질문에 맞는 답을 써 보세요.

오늘의 일기

20○○년 3월 2일

오늘은 새 학기가 시작되는 날이다.

교실에 가 보니 사물함이 4×9개 있었다.

책상은 6×5개 있었고

책꽂이는 2×9개 있었다.

새로운 친구들과 선생님과 잘 지냈으면 좋겠다. ◡̈

• 사물함은 총 몇 개 있나요?　　　　　　　　　　답 : ＿＿＿＿＿개

• 책상은 총 몇 개 있나요?　　　　　　　　　　답 : ＿＿＿＿＿개

• 책꽂이는 총 몇 개 있나요?　　　　　　　　　답 : ＿＿＿＿＿개

 ✎ 빈칸에 알맞은 수를 써 보세요.

$8 \times 5 =$ ☐　　　$2 \times 9 =$ ☐　　　$9 \times 9 =$ ☐

$6 \times 7 =$ ☐　　　$3 \times 4 =$ ☐　　　$7 \times 7 =$ ☐

$4 \times 2 =$ ☐　　　$5 \times 3 =$ ☐　　　$0 \times 8 =$ ☐

📝 빈칸에 알맞은 수를 써 보세요.

$4 \times \boxed{} = 28$ $5 \times \boxed{} = 25$ $2 \times \boxed{} = 4$

$5 \times \boxed{} = 40$ $9 \times \boxed{} = 18$ $6 \times \boxed{} = 42$

$3 \times \boxed{} = 27$ $1 \times \boxed{} = 7$ $9 \times \boxed{} = 81$

$10 \times \boxed{} = 20$ $4 \times \boxed{} = 24$ $7 \times \boxed{} = 63$

$8 \times \boxed{} = 32$ $7 \times \boxed{} = 49$ $4 \times \boxed{} = 8$

$7 \times \boxed{} = 56$ $8 \times \boxed{} = 48$ $8 \times \boxed{} = 64$

$2 \times \boxed{} = 6$ $3 \times \boxed{} = 9$ $3 \times \boxed{} = 21$

$6 \times \boxed{} = 36$ $5 \times \boxed{} = 45$ $5 \times \boxed{} = 10$

📝 빈칸에 알맞은 수를 써 보세요.

×	6	2
4		
5		

×	9	8
3		
6		

×	5	3
7		
9		

×	4	7
2		
8		

동네에 새로 생긴 문구점에 노트와 샤프를 사러 가요. 값이 올바른 식을 찾아 따라가면 문방구에 도착할 수 있을 거예요.

9 × 6 = 54	9 × 2 = 16	9 × 1 = 9	9 × 8 = 70
9 × 4 = 36	9 × 2 = 18	9 × 4 = 38	9 × 5 = 40	9 × 3 = 29
9 × 3 = 27	9 × 9 = 72	9 × 5 = 54	9 × 1 = 8	9 × 4 = 30
9 × 1 = 9	9 × 9 = 81	9 × 7 = 63	9 × 8 = 72	9 × 5 = 40
9 × 9 = 90	9 × 2 = 19	9 × 6 = 53	9 × 5 = 45

✎ 빈칸에 알맞은 수를 써 보세요.

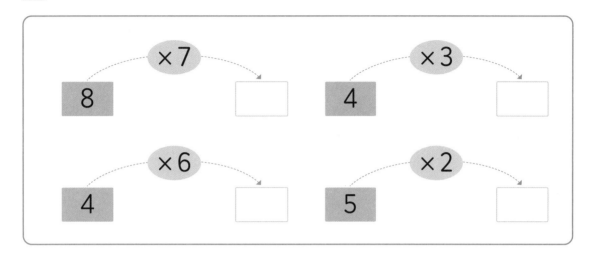

✎ 빈칸에 알맞은 수를 써 보세요.

2 ⊗ 4 → ☐
    8 → ☐

3 ⊗ 3 → ☐
    7 → ☐

5 ⊗ 5 → ☐
    6 → ☐

6 ⊗ 3 → ☐
    4 → ☐

7 ⊗ 5 → ☐
    8 → ☐

0 ⊗ 1 → ☐
    9 → ☐

새가 말하는 수에 동그라미를 그려 보세요.

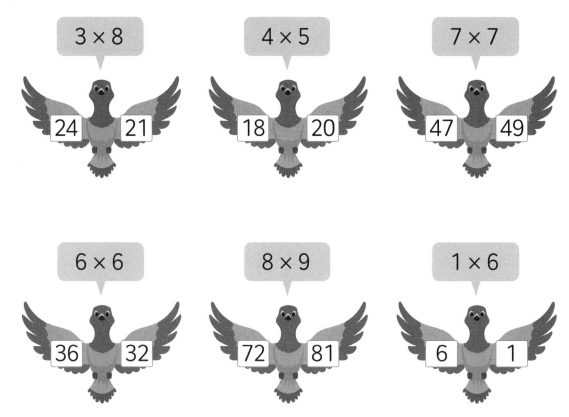

더 큰 수가 그려진 별에 동그라미를 그려 보세요.

☐ 안에 알맞은 수를 써 보세요.

$7 \times 4 =$ ☐

$4 \times 4 =$ ☐

$6 \times 9 =$ ☐

$8 \times 6 =$ ☐

$2 \times 8 =$ ☐

$3 \times 5 =$ ☐

$5 \times 6 =$ ☐

그림과 같이 숫자가 그려진 카드를 한 번씩만 사용하여 ☐ 안에 알맞은 수를 써 보세요.

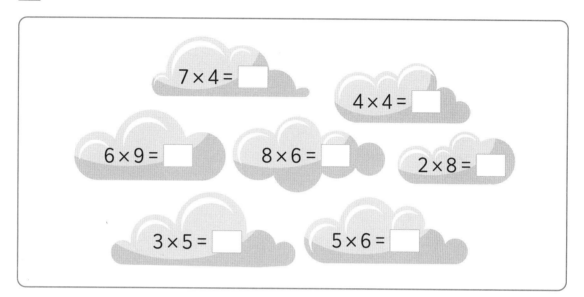

〈보기〉

3 4 6

$9 \times \boxed{4} = \boxed{3}\boxed{6}$

1 6 8

$2 \times \boxed{} = \boxed{}\boxed{}$

2 4 6

$7 \times \boxed{} = \boxed{}\boxed{}$

📋 곱셈의 법칙

📝 2단과 5단을 완성해 주세요.

2단	5단

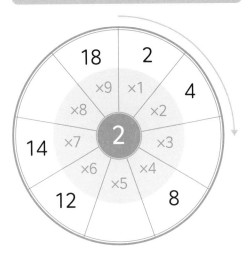
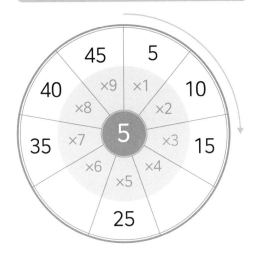

- 2단은 곱이 ☐ 씩 커져요.

- 5단은 곱이 ☐ 씩 커져요.

📝 3단과 6단을 완성해 주세요.

3단	6단

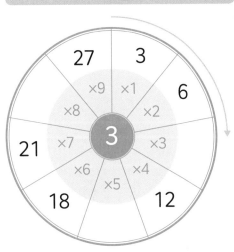
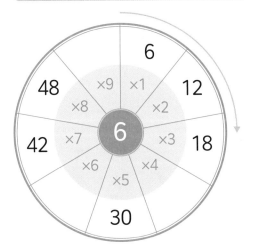

- 3단은 곱이 ☐ 씩 커져요.

- 6단은 곱이 ☐ 씩 커져요.

📝 4단과 8단을 완성해 주세요.

4단

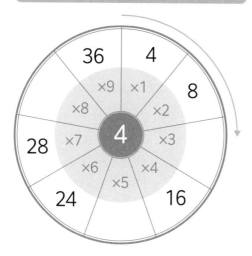

- 4단은 곱이 ☐ 씩 커져요.

8단

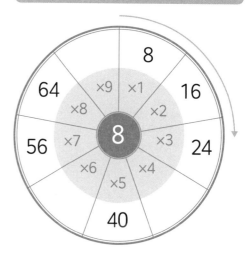

- 8단은 곱이 ☐ 씩 커져요.

📝 7단과 9단을 완성해 주세요.

7단

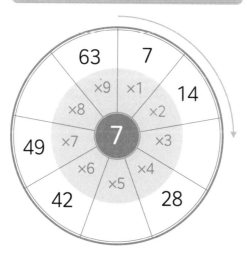

- 7단은 곱이 ☐ 씩 커져요.

9단

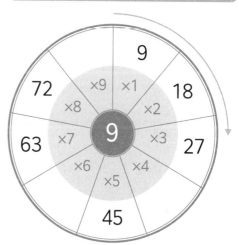

- 9단은 곱이 ☐ 씩 커져요.

곱셈표의 비밀

• 1단에서 9단까지 하나의 표에 정리하면 어떤 규칙이 보일까요?

×	1	2	3	4	5	6	7	8	9
1	1	2	3	4	5	6	7	8	9
2	2	4	6	8	10	12	14	16	18
3	3	6	9	12	15	18	21	24	27
4	4	8	12	16	20	24	28	32	36
5	5	10	15	20	25	30	35	40	45
6	6	12	18	24	30	36	42	48	54
7	7	14	21	28	35	42	49	56	63
8	8	16	24	32	40	48	56	64	72
9	9	18	27	36	45	54	63	72	81

두 수가 만나는 곳에 두 수의 곱을 써서 표로 나타낸 것이 바로 곱셈표예요.

$7 \times 8 = 56$

• 3단은 아래로 내려갈수록 ☐ 씩 커져요.
• 5단은 오른쪽으로 갈수록 ☐ 씩 커져요.
• 대각선을 따라 곱셈표를 접으면 만나는 수가 같아요.

• 앞 페이지에 있는 곱셈표에 0단과 10단을 추가했어요. 곱셈표의 빈칸을 채운 뒤 0단, 10단의 곱을 알아보세요.

×	0	1	2	3	4	5	6	7	8	9	10
0	0										
1		1	2	3	4	5	6	7	8	9	
2		2	4	6	8	10	12	14	16	18	
3		3	6	9	12	15	18	21	24	27	
4		4	8	12	16	20	24	28	32	36	
5		5	10	15	20	25	30	35	40	45	
6		6	12	18	24	30	36	42	48	54	
7		7	14	21	28	35	42	49	56	63	
8		8	16	24	32	40	48	56	64	72	
9		9	18	27	36	45	54	63	72	81	
10											100

• 0과 어떤 수를 곱하면 값은 항상 ☐ 이 돼요.

• ☐ 과 어떤 수를 곱하면 값은 항상 곱한 수와 같은 값이 돼요.

• 10단과 어떤 수를 곱하면 값은 어떤 수의 뒤에 ☐ 이 붙은 값이 돼요.

• 11단이 포함된 곱셈표예요. 빈칸을 채운 뒤 11단의 곱을 알아보세요.

×	1	2	3	4	5	6	7	8	9	10	11
1	1	2	3	4	5	6	7	8	9	10	11
2	2	4	6	8	10	12	14	16	18	20	
3	3	6	9	12	15	18	21	24	27	30	
4	4	8	12	16	20	24	28	32	36	40	
5	5	10	15	20	25	30	35	40	45	50	
6	6	12	18	24	30	36	42	48	54	60	
7	7	14	21	28	35	42	49	56	63	70	
8	8	16	24	32	40	48	56	64	72	80	
9	9	18	27	36	45	54	63	72	81	90	
10	10	20	30	40	50	60	70	80	90	100	
11	11										

• 11단의 곱은 ☐씩 커져요.

$11 \times 3 = $ ☐ $\qquad$ $11 \times 2 = $ ☐ $\qquad$ $11 \times$ ☐ $= 99$

$11 \times 7 = $ ☐ $\qquad$ $11 \times$ ☐ $= 55$ $\qquad$ $11 \times$ ☐ $= 66$

사고력
심화 문제

📋 곱셈 미로

📝 곱한 결과에서 십의 자리 숫자와 일의 자리 숫자의 합이 9가 되는 곳을 찾아 이동하면 미로를 빠져나갈 수 있어요. 탈출할 수 있는 길을 선으로 연결해 탈출하세요.

다음 규칙에 따라 미로를 탈출하세요.

규칙

① 두 자리 수는 일의 자리 수와 십의 자리 수를 곱한 값으로 이동해요.
② 한 자리 수는 자신을 두 번 곱한 값으로 이동해요.

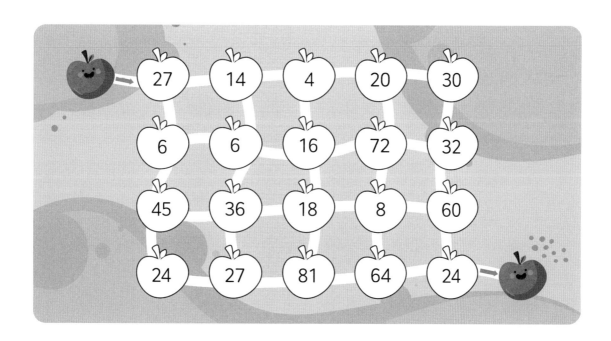

곱셈표 완성하기

<보기>와 같이 빈칸에 알맞은 수를 써 넣어 곱셈표를 완성하세요.

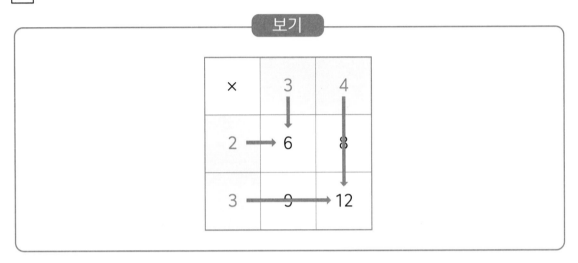

×	2	
4		12
		15

×		6
	12	24
		48

×		5	9
			63
5		25	
3	12		

×		7	8
2	8		
		21	
		35	

〈보기〉와 같이 빈칸에 알맞은 수를 써 넣어 곱셈표를 완성하세요.

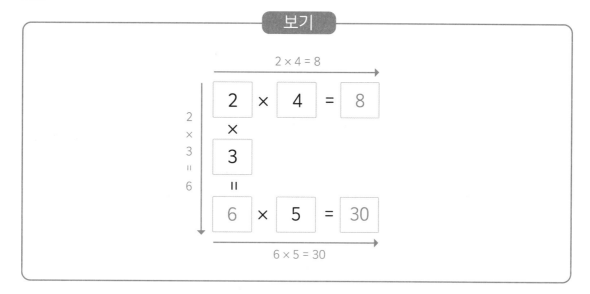

2 × 4 = 8

2
×
3
=
6

| 2 | × | 4 | = | 8 |

×

3

=

| 6 | × | 5 | = | 30 |

6 × 5 = 30

| 3 | × | 8 | = | |

×

| | |

=

| 6 | × | | = | 30 |

| 5 | × | | = | 35 |

×

| | |

=

| 10 | × | | = | 60 |

| 7 | × | | = | 21 |

×

| 1 |

=

| 6 | × | | = | |

| 3 | × | | = | 6 |

× ×

| | | | |

= =

| 3 | × | | = | 18 |

숫자 카드 게임

가로줄과 세로줄에 각각 들어간 세 숫자의 곱이 같도록 빈칸에 알맞은 숫자 카드를 집어넣으세요.

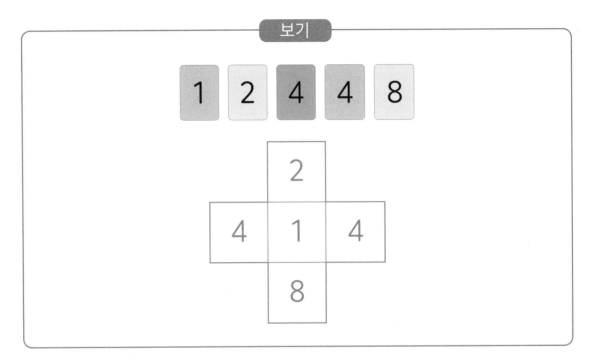

118

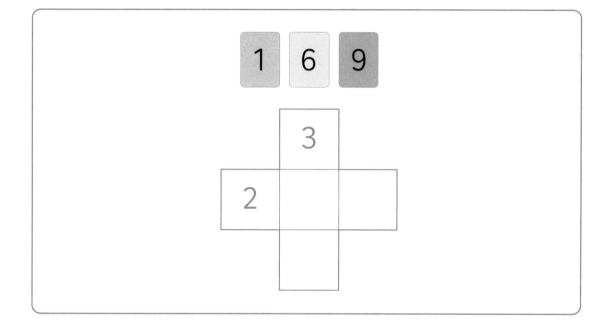

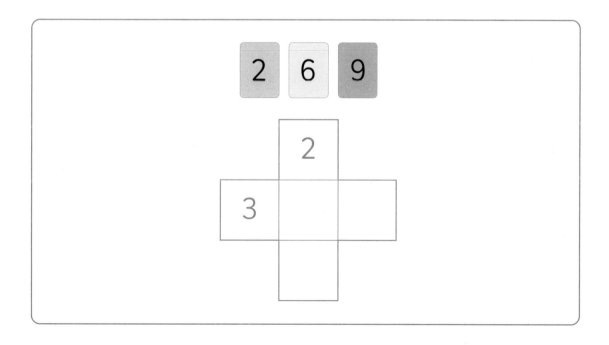

숫자 카드 게임

가로줄과 세로줄에 각각 들어간 세 숫자의 곱이 같도록 빈칸에 알맞은 숫자 카드를 집어넣으세요.

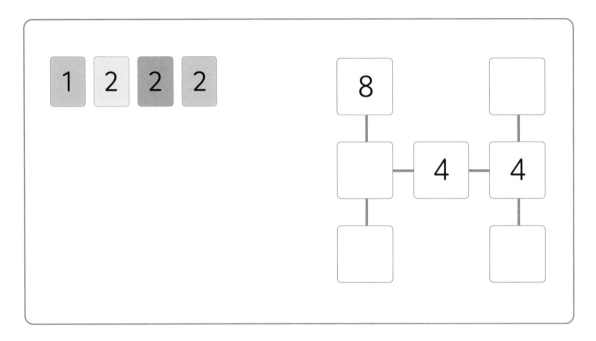

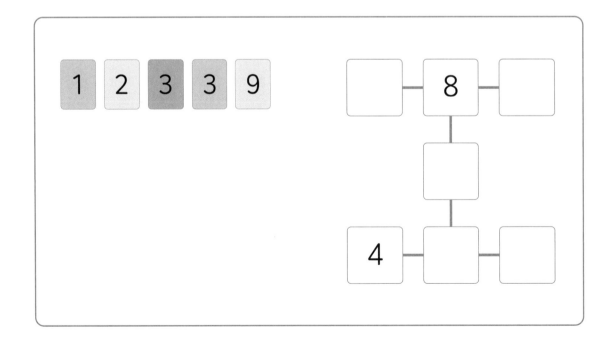

곱이 같은 묶음 만들기

〈보기〉와 같이 세 수의 곱이 주어진 수가 되도록 위아래 또는 좌우로 이웃한 세 수를 묶어 보세요.

보기

3	1	9	2
2	6	5	8
3	6	3	1
1	5	9	3

세 수의 곱 : 18

세 수의 곱이 18인 세 수는 다음과 같아요.

$1 \times 2 \times 9$, $2 \times 3 \times 3$,
$1 \times 3 \times 6$,

3	2	3	4
4	3	5	8
1	2	2	6
6	8	1	3

세 수의 곱 : 24

세 수의 곱이 24인 세 수는 다음과 같아요.

$\square \times \square \times \square$, $\square \times \square \times \square$,
$\square \times \square \times \square$, $\square \times \square \times \square$

📋 도형으로 생각하기

📝 가로줄에 있는 두 수의 곱은 오른쪽에 있는 수와 같고, 세로줄에 있는 두 수의 곱은 아래에 있는 수와 같아요. ○, △, □, ☆이 각각 1부터 9까지의 수 중 하나일 때, 빈칸에 알맞은 수를 써넣으세요.

보기

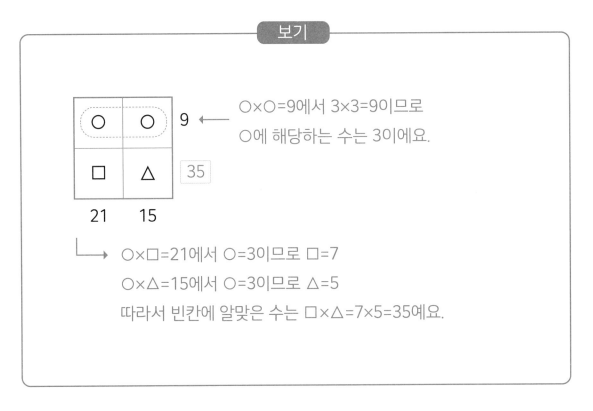

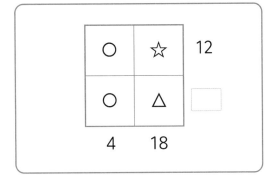

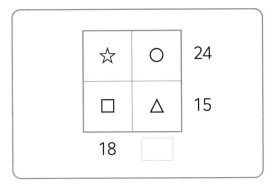

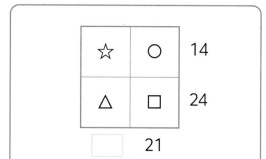

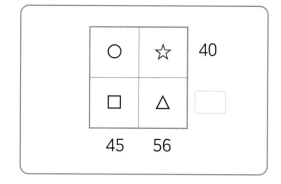

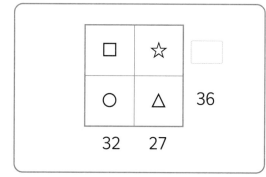

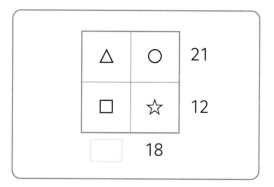

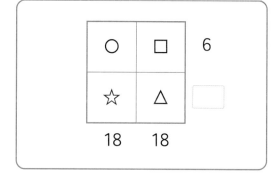

재미있는 숫자 퍼즐 풀기

가로줄에 있는 두 수의 곱은 오른쪽에 있는 수와 같고, 세로줄에 있는 두 수의 곱은 아래에 있는 수와 같아요. 빈칸에 1부터 9까지의 수 중 알맞은 수를 써 넣으세요.

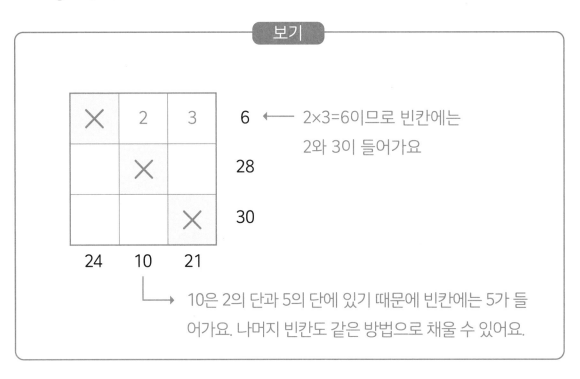

보기

6 ← 2×3=6이므로 빈칸에는 2와 3이 들어가요

10은 2의 단과 5의 단에 있기 때문에 빈칸에는 5가 들어가요. 나머지 빈칸도 같은 방법으로 채울 수 있어요.

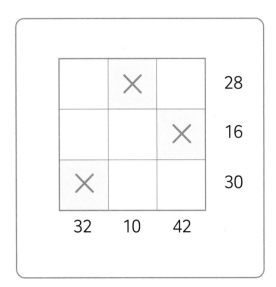

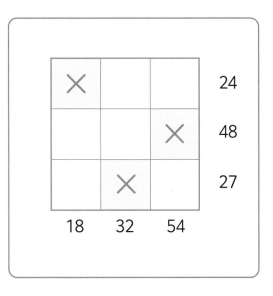

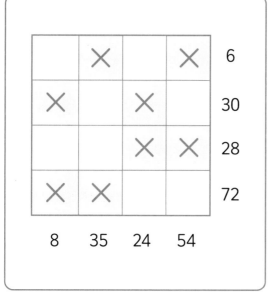

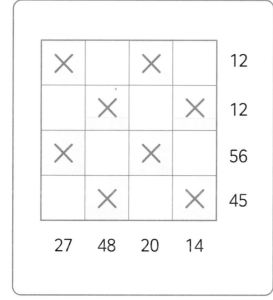

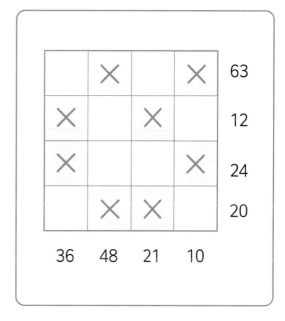

✒ 사다리 게임

📝 사다리 게임 규칙에 따라 계산할 때 □에 들어갈 알맞은 수를 구하세요.

① 아래와 옆으로만 이동할 수 있어요.
② 아래로 내려가다 만나는 가로선은 반드시 지나가야 해요.

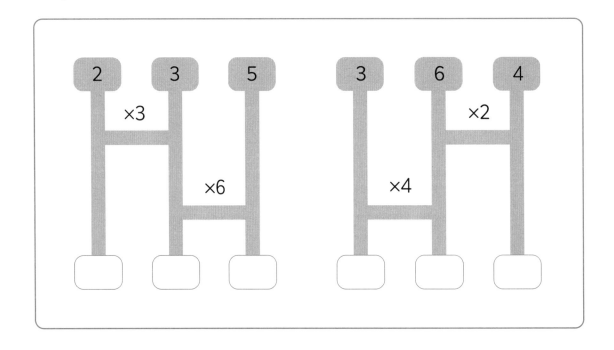

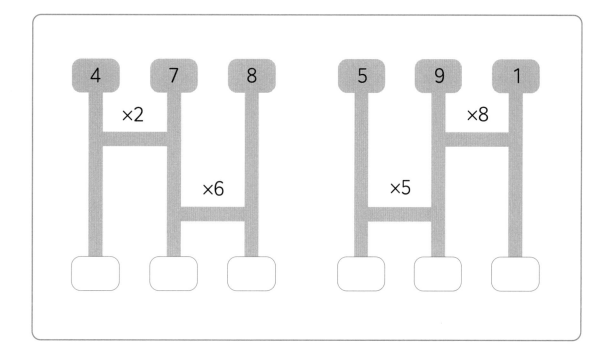

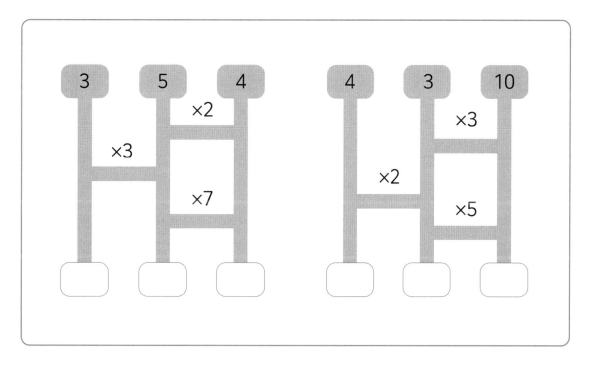

✖

📋 각 영역에 만족하는 수 집어넣기

📝 주어진 수를 알맞은 곳에 속하도록 그림에 채워 넣으세요.

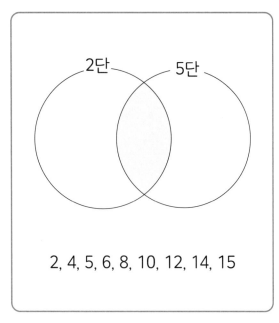

2, 4, 5, 6, 8, 10, 12, 14, 15

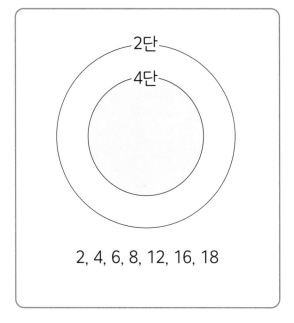

2, 4, 6, 8, 12, 16, 18

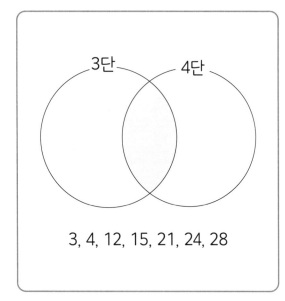

3, 4, 12, 15, 21, 24, 28

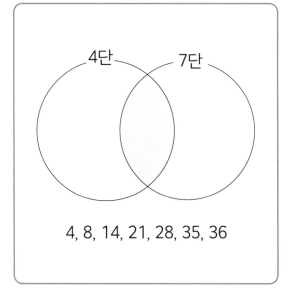

4, 8, 14, 21, 28, 35, 36

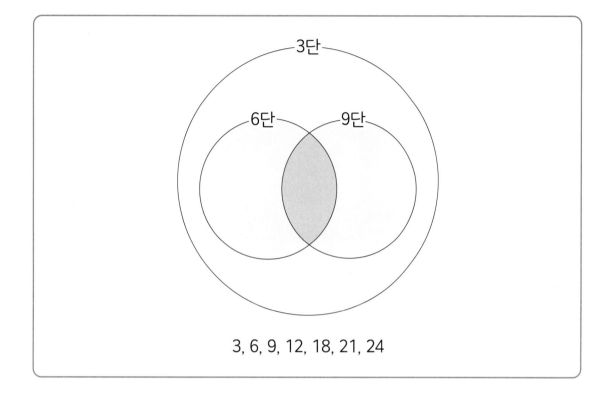

3, 6, 9, 12, 18, 21, 24

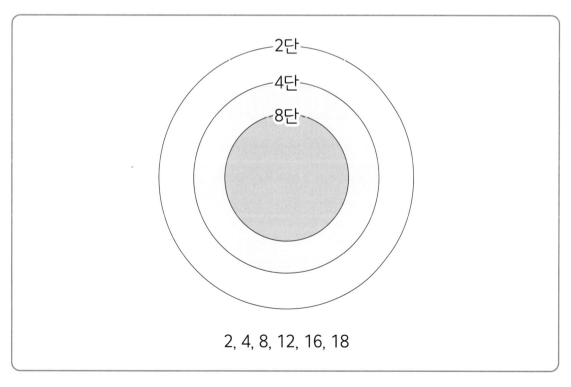

2, 4, 8, 12, 16, 18

 **성냥개비 곱셈**

✎ 성냥개비 1개를 더 그려 넣어 올바른 식을 완성하세요.

성냥개비 모양

보기

2 × 3 = 6

식 [2] **×** [3] = [6]

---

2 × 4 = 9

식 [ ] × [ ] = [ ]

---

3 × 2 = 18

식 [ ] × [ ] = [ ]

---

4 × 9 = 35

식 [ ] × [ ] = [ ]

---

5 × 7 = 42

식 [ ] × [ ] = [ ]

성냥개비 1개를 빼야 할 곳에 X 표시를 하고, 올바른 식을 완성하세요.

보기

〈보기〉

2 × 8 = 18 ✗   식 2 × 8 = 16

---

3 × 5 = 19

식 ☐ × ☐ = ☐

---

4 × 9 = 12

식 ☐ × ☐ = ☐

---

5 × 7 = 39

식 ☐ × ☐ = ☐

---

7 × 8 = 63

식 ☐ × ☐ = ☐

---

8 × 6 = 40

식 ☐ × ☐ = ☐

---

9 × 6 = 18

식 ☐ × ☐ = ☐

성냥개비 1개를 옮겨야 할 곳을 찾아 표시하고 옮긴 뒤, 올바른 식을 완성하세요.

보기

2 × 5 = 6

식 2 × 3 = 6

---

3 × 7 = 12

식 ☐ × ☐ = ☐

---

4 × 5 = 29

식 ☐ × ☐ = ☐

---

5 × 9 = 27

식 ☐ × ☐ = ☐

---

6 × 4 = 42

식 ☐ × ☐ = ☐

---

7 × 2 = 21

식 ☐ × ☐ = ☐

---

8 × 6 = 78

식 ☐ × ☐ = ☐

일정하게 커지는 수들의 합을 곱으로 나타내기

📝 1, 2, 3과 같이 1씩 커지는 수들의 합은 곱셈을 이용하여 계산할 수 있어요.

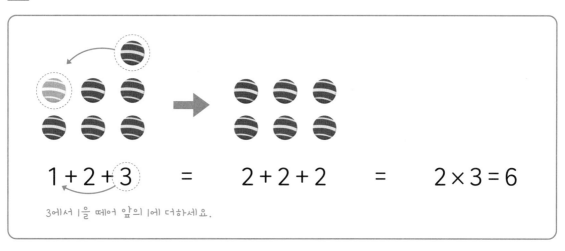

$$1+2+3 \quad = \quad 2+2+2 \quad = \quad 2 \times 3 = 6$$

3에서 1을 떼어 앞의 1에 더하세요.

마찬가지 방법으로 일정하게 커지는 수들의 합은 곱셈을 이용하여 계산할 수 있어요.
아래와 같은 방법으로 빈칸을 채워 올바른 식을 완성하세요.

$$3+5+7 \quad = \quad 5+5+5 \quad = \quad 5 \times 3 = 15$$

7에서 2를 떼어 앞의 3에 더하세요.

$2+4+6 \ = \ \boxed{} + \boxed{} + \boxed{} \ = \ \boxed{} \times 3 = \boxed{}$

$1+4+7 \ = \ \boxed{} + \boxed{} + \boxed{} \ = \ \boxed{} \times 3 = \boxed{}$

$3+6+9 \ = \ \boxed{} + \boxed{} + \boxed{} \ = \ \boxed{} \times 3 = \boxed{}$

$4 + 5 + 6 + ⑦ + ⑧$ = $6 + 6 + 6 + 6 + 6$ = $6 \times 5 = 30$

②
①

$1 + 2 + 3 + 4 + 5 = \boxed{} + \boxed{} + \boxed{} + \boxed{} + \boxed{} = \boxed{} \times 5 = \boxed{}$

$5 + 6 + 7 + 8 + 9 = \boxed{} + \boxed{} + \boxed{} + \boxed{} + \boxed{} = \boxed{} \times 5 = \boxed{}$

$1 + 3 + 5 + 7 + 9 = \boxed{} \times 5 = \boxed{}$

$1 + 2 + 3 + 4 + 5 + 6 + 7 + 8 + 9$

$= \boxed{} + \boxed{} + \boxed{} + \boxed{} + \boxed{} + \boxed{} + \boxed{} + \boxed{} + \boxed{}$

$= \boxed{} \times 9 = \boxed{}$

📋 스도쿠 문제

규칙 1

가로줄의 각 칸에 주어진 수가 한 번씩만 들어가요.

들어갈 수: 1, 2, 3

2	3	1
1	2	3
3	1	2

빠진 수 2

규칙 2

세로줄의 각 칸에 주어진 수가 한 번씩만 들어가요.

들어갈 수: 1, 2, 3

1	2	3
2	3	1
3	1	2

빠진 수 3

잘못된 예

들어갈 수: 1, 2, 3

1	2	2
2	3	3
3	1	1

가로줄에 2가 두 번 나와요.

들어갈 수: 1, 2, 3

3	1	2
3	2	1
2	1	3

세로줄에 1이 두 번 나와요.

스도쿠의 규칙에 따라 빈칸을 채울 때, 색이 채워진 네모 안에 들어갈 수들을 식에 넣어 곱하세요.

• 들어갈 수 : 1, 2, 3

3		
	2	
		1

☐ × ☐ = ☐

• 들어갈 수 : 1, 2, 3

2		
	3	

☐ × ☐ × ☐ = ☐

• 들어갈 수 : 1, 2, 3, 4

2			3
1			4
	1	3	

☐ × ☐ = ☐

• 들어갈 수 : 1, 2, 3, 4

	2		1
1			
2	3	1	
	1	4	

☐ × ☐ × ☐ = ☐

📋 노노그램

규칙 1 빈칸 위에 적힌 숫자는 세로줄에 연속해서 색칠된 칸의 개수를 의미해요.

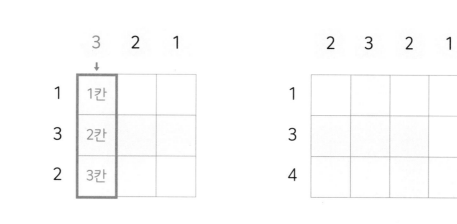

규칙 2 빈칸 왼쪽에 적힌 숫자는 가로줄에 연속해서 색칠된 칸의 개수를 의미해요.

다음 2개의 노노그램을 풀었을 때, 표시된 사각형 안에 생기는 색칠된 사각형 개수를 각각 구하고 그 둘의 곱을 구하세요.

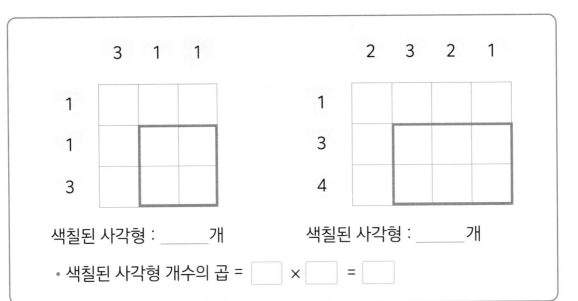

색칠된 사각형 : _____ 개   색칠된 사각형 : _____ 개

• 색칠된 사각형 개수의 곱 = ☐ × ☐ = ☐

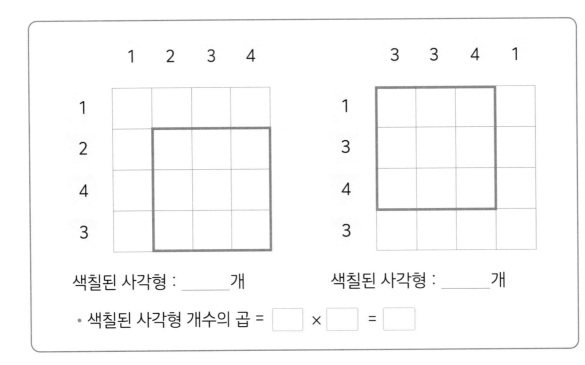

색칠된 사각형 : _____ 개   색칠된 사각형 : _____ 개

• 색칠된 사각형 개수의 곱 = ☐ × ☐ = ☐

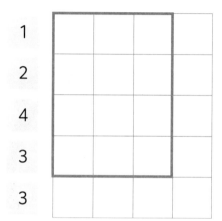

색칠된 사각형 : _____개

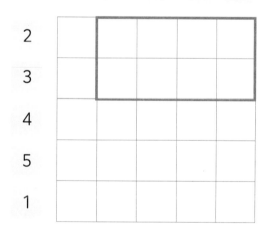

색칠된 사각형 : _____개

• 색칠된 사각형 개수의 곱 = ☐ × ☐ = ☐

해설지

💡 2단

개념
덧셈과 곱셈으로 표현하기

원리
그림으로 알아보기

📝 다음 덧셈식을 곱셈식으로 나타내 보세요.

 → 2 × 2 = 4

2+2+2 → 2× 3 = 6
2+2+2+2 → 2× 4 = 8
2+2+2+2+2 → 2× 5 = 10
2+2+2+2+2+2 → 2× 6 = 12
2+2+2+2+2+2+2 → 2× 7 = 14
2+2+2+2+2+2+2+2 → 2× 8 = 16
2+2+2+2+2+2+2+2+2 → 2× 9 = 18

🔍 여기서 문제!
· □안에 알맞은 수를 써넣으세요.

 2 × 3 = 6

8

📝 자전거 2대가 서 있어요. 바퀴는 총 몇 개일까요?

답: 4 개

📝 시장에 갔더니 낙지와 오징어가 있어요. 오징어 다리는 낙지 다리보다 몇 개나 더 많을까요? 다리의 개수를 2개씩 묶어서 세어 보세요.

2 × 4 = 8   2 × 5 = 10

2단 9

응용
개념 기반 다지기

활용
개념 활용하기

📝 민지의 집에는 젓가락이 7쌍 있어요. 어느 날, 엄마가 슈퍼에서 젓가락 1쌍을 더 사 왔어요. 그러면 젓가락은 낱개로 총 몇 개가 될까요?

2 × 8 = 16
답: 16 개

📝 책상에 연필들이 놓여 있어요. 그림을 그려 연필을 2자루씩 묶어 보고, 연필이 총 몇 자루 있는지 세어 보세요.

2 × 4 = 8
답: 8 자루

📝 준서와 준서 삼촌이 키를 쟀어요. 준서 삼촌의 키는 준서의 몇 배일까요?

답: 2 배

📝 동물원에서 멀리뛰기 대회를 열었어요. 각 동물들의 멀리뛰기 기록은 다음과 같아요. 그렇다면 기린은 사자보다 몇 배나 더 멀리 뛴 것일까요?

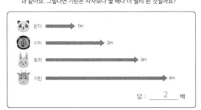

판다 — 1m
사자 — 2m
토끼 — 3m
기린 — 4m

답: 2 배

📝 사람들이 건물을 짓고 있어요. 왼쪽 건물은 2층, 오른쪽 건물은 6층이라면 오른쪽 건물의 높이는 왼쪽 건물보다 몇 배 높을까요?

답: 3 배

2단 11

연습
문제 풀기

📝 다음 □ 안에 알맞은 수를 쓰고 규칙을 적어 보세요.

2×1 = 2   2×9 = 18
2×2 = 4   2×8 = 16
2×3 = 6   2×7 = 14
2×4 = 8   2×6 = 12
2×5 = 10   2×5 = 10
2×6 = 12   2×4 = 8
2×7 = 14   2×3 = 6
2×8 = 16   2×2 = 4
2×9 = 18   2×1 = 2

· 2에 곱해지는 수가 1씩 커질수록 값은 2 씩 커져요.
· 2에 곱해지는 수가 1씩 작아질수록 값은 2 씩 줄어요.

📝 다음 □ 안에 알맞은 수를 쓰세요.

2×5 = 10   2×4 = 8
2×7 = 14   2×9 = 18
2×3 = 6   2×6 = 12
2×2 = 4   2×8 = 16

📝 2단에 해당하는 숫자를 찾아 동그라미를 그려 보세요.

1	7	13
(2)	(8)	(14)
3	9	15
(4)	(10)	(16)
5	11	17
(6)	(12)	(18)

2단 13

다음 덧셈식을 곱셈식으로 나타내 보세요.

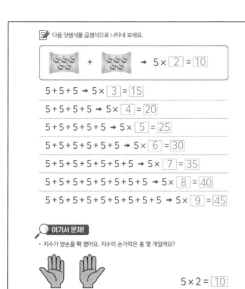 + → 5 × 2 = 10

5 + 5 + 5 → 5 × 3 = 15

5 + 5 + 5 + 5 → 5 × 4 = 20

5 + 5 + 5 + 5 + 5 → 5 × 5 = 25

5 + 5 + 5 + 5 + 5 + 5 → 5 × 6 = 30

5 + 5 + 5 + 5 + 5 + 5 + 5 → 5 × 7 = 35

5 + 5 + 5 + 5 + 5 + 5 + 5 + 5 → 5 × 8 = 40

5 + 5 + 5 + 5 + 5 + 5 + 5 + 5 + 5 → 5 × 9 = 45

🔍 여기서 문제!

• 지수가 양손을 짝 폈어요. 지수의 손가락은 총 몇 개일까요?

5 × 2 = 10

16

같은 값을 찾아서 이어 보세요.

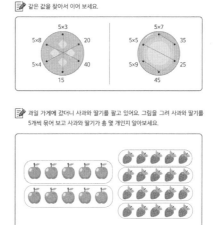

과일 가게에 갔더니 사과와 딸기를 팔고 있어요. 그림을 그려 사과와 딸기를 5개씩 묶어 보고 사과와 딸기가 총 몇 개인지 알아보세요.

5 × 2 = 10   5 × 4 = 20

5단 17

🔆 **5단**

(개념)
덧셈과 곱셈으로 표현하기

(원리)
그림으로 알아보기

5장씩 묶어 놓은 색종이가 3묶음 있어요. 색종이는 총 몇 장일까요?

5 × 3 = 15

답 : 15 장

• 색종이가 한 묶음이 더 있으면 색종이는 총 몇 장이 될까요?

답 : 20 장

사람들이 건물을 짓고 있어요. 왼쪽 건물은 1층, 오른쪽 건물은 5층 높이라면 오른쪽 건물의 높이는 왼쪽 건물보다 몇 배 높을까요?

답 : 5 배

18

친구들이 종이비행기 멀리 날리기 대회를 해요. 기록은 다음과 같아요. 그렇다면 혜성이는 수민이보다 종이비행기를 몇 배나 더 멀리 날린 걸까요?

답 : 3 배

한 아파트에 3명의 친구가 살아요.

• 수민 5층   • 다솜 10층   • 혜성 15층

• 다솜이네 집의 층수는 수민이네 집보다 몇 배 높을까요? 5 × 2 = 10 → 2 배
• 혜성이 집의 층수는 수민이네 집보다 몇 배 높을까요? 5 × 3 = 15 → 3 배

5단 19

(응용)
개념 기반 다지기

(활용)
개념 활용하기

다음 ☐ 안에 알맞은 수를 쓰고 규칙을 적어 보세요.

5 × 1 = 5	5 × 9 = 45
5 × 2 = 10	5 × 8 = 40
5 × 3 = 15	5 × 7 = 35
5 × 4 = 20	5 × 6 = 30
5 × 5 = 25	5 × 5 = 25
5 × 6 = 30	5 × 4 = 20
5 × 7 = 35	5 × 3 = 15
5 × 8 = 40	5 × 2 = 10
5 × 9 = 45	5 × 1 = 5

• 5에 곱해지는 수가 1씩 커질수록 값은 5 씩 커져요.
• 5에 곱해지는 수가 1씩 작아질수록 값은 5 씩 줄어요.

20

다음 ☐ 안에 알맞은 수를 쓰세요.

5 × 5 = 25	5 × 4 = 20
5 × 7 = 35	5 × 9 = 45
5 × 3 = 15	5 × 6 = 30
5 × 2 = 10	5 × 8 = 40

나열된 수들의 규칙을 찾아 빈칸에 알맞은 수를 채워 보세요.

10 5
15
20 25
30
45 35
40

5단 21

(연습)
문제 풀기

2단, 5단

복습하기

$2 \times 1 = \boxed{2}$ $5 \times 9 = \boxed{45}$
$2 \times 2 = \boxed{4}$ $5 \times 8 = \boxed{40}$
$2 \times 3 = \boxed{6}$ $5 \times 7 = \boxed{35}$
$2 \times 4 = \boxed{8}$ $5 \times 6 = \boxed{30}$
$2 \times 5 = \boxed{10}$ $5 \times 5 = \boxed{25}$
$2 \times 6 = \boxed{12}$ $5 \times 4 = \boxed{20}$
$2 \times 7 = \boxed{14}$ $5 \times 3 = \boxed{15}$
$2 \times 8 = \boxed{16}$ $5 \times 2 = \boxed{10}$
$2 \times 9 = \boxed{18}$ $5 \times 1 = \boxed{5}$

📝 두 곱셈식을 계산하고, 2단과 5단은 어느 숫자가 겹치는지 찾아보세요.

$2 \times 5 = \boxed{10}$ $5 \times 2 = \boxed{10}$
· 2단과 5단은 숫자 $\boxed{10}$ 에서 겹쳐요

22

📝 2단과 5단에 알맞은 답을 적어 주세요.

$2 \times 4 = \boxed{8}$ $2 \times 3 = \boxed{6}$ $5 \times 4 = \boxed{20}$
$2 \times 8 = \boxed{16}$ $2 \times 9 = \boxed{18}$ $5 \times 8 = \boxed{40}$
$2 \times 5 = \boxed{10}$ $5 \times 2 = \boxed{10}$ $5 \times 3 = \boxed{15}$
$2 \times 6 = \boxed{12}$ $5 \times 5 = \boxed{25}$ $5 \times 1 = \boxed{5}$

📝 2단과 5단은 어디에서 겹칠까요? 2단과 5단에서 겹치는 수를 찾아 줄을 그어 연결해 보세요.

2단 -02-04-06-08-10-12-14-16-18

5단 -05-10-15-20-25-30-35-40-45

📝 빈칸을 채워 2단표를 완성시켜 보세요.

×	1	2	3	4	5	6	7	8	9
2	2	4	6	8	10	12	14	16	18

📝 2단에 해당하는 수의 일의 자리 숫자를 순서대로 선을 이어 연결해 보세요.

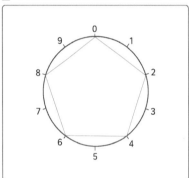

24

📝 빈칸을 채워 5단표를 완성시켜 보세요.

×	1	2	3	4	5	6	7	8	9
5	5	10	15	20	25	30	35	40	45

📝 5단에 해당하는 수의 일의 자리 숫자를 순서대로 선을 이어 연결해 보세요.

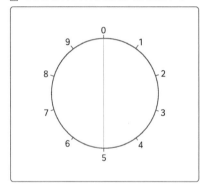

3단

개념
덧셈과 곱셈으로 표현하기

원리
그림으로 알아보기

📝 다음 덧셈식을 곱셈식으로 나타내 보세요.

 → $3 \times \boxed{2} = 6$

$3 + 3 + 3$ → $3 \times \boxed{3} = 9$
$3 + 3 + 3 + 3$ → $3 \times \boxed{4} = 12$
$3 + 3 + 3 + 3 + 3$ → $3 \times \boxed{5} = 15$
$3 + 3 + 3 + 3 + 3 + 3$ → $3 \times \boxed{6} = 18$
$3 + 3 + 3 + 3 + 3 + 3 + 3$ → $3 \times \boxed{7} = 21$
$3 + 3 + 3 + 3 + 3 + 3 + 3 + 3$ → $3 \times \boxed{8} = 24$
$3 + 3 + 3 + 3 + 3 + 3 + 3 + 3 + 3$ → $3 \times \boxed{9} = 27$

🔍 여기서 문제!

· 세발자전거 3대의 바퀴 수를 모두 더하면 총 몇 개일까요?

답 : $\underline{9}$ 개

28

📝 민재와 수민이가 소풍을 가서 먹을 도시락을 싸고 있어요. 소시지는 총 몇 개일까요?

답 : $\underline{6}$ 개

📝 꽃집에서 꽃 3송이가 담긴 화분 4개를 샀어요. 화분에 담긴 꽃은 총 몇 송이일까요?

$3 \times \boxed{4} = 12$ 답 : $\underline{12}$ 송이

144

📝 책장에 책 3권이 꽂혀 있어요. 그런데 아빠가 책 3권을 더 사다 주셨어요. 책장에 책은 총 몇 권이 될까요?

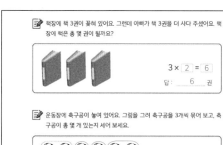

$3 \times \boxed{2} = 6$

답: ___6___ 권

📝 운동장에 축구공이 놓여 있어요. 그림을 그려 축구공을 3개씩 묶어 보고, 축구공이 총 몇 개 있는지 세어 보세요.

$3 \times \boxed{4} = 12$

답: ___12___ 개

📝 해바라기와 장미를 한곳에 심었어요. 해바라기의 키는 장미 키의 몇 배일까요?

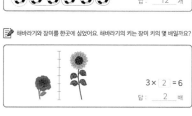

$3 \times \boxed{2} = 6$

답: ___2___ 배

30

📝 민재와 친구들이 블록을 쌓아요.

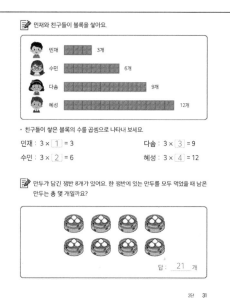

- 친구들이 쌓은 블록의 수를 곱셈으로 나타내 보세요.

민재: $3 \times \boxed{1} = 3$ 다솜: $3 \times \boxed{3} = 9$

수민: $3 \times \boxed{2} = 6$ 혜성: $3 \times \boxed{4} = 12$

📝 만두가 담긴 쟁반 8개가 있어요. 한 쟁반에 있는 만두를 모두 먹었을 때 남은 만두는 총 몇 개일까요?

답: ___21___ 개

3단 31

응용 개념 기반 다지기

활용 개념 활용하기

📝 다음 ☐ 안에 알맞은 수를 쓰고, 규칙을 적어 보세요.

$3 \times 1 = \boxed{3}$ $3 \times 9 = \boxed{27}$

$3 \times 2 = \boxed{6}$ $3 \times 8 = \boxed{24}$

$3 \times 3 = \boxed{9}$ $3 \times 7 = \boxed{21}$

$3 \times 4 = \boxed{12}$ $3 \times 6 = \boxed{18}$

$3 \times 5 = \boxed{15}$ $3 \times 5 = \boxed{15}$

$3 \times 6 = \boxed{18}$ $3 \times 4 = \boxed{12}$

$3 \times 7 = \boxed{21}$ $3 \times 3 = \boxed{9}$

$3 \times 8 = \boxed{24}$ $3 \times 2 = \boxed{6}$

$3 \times 9 = \boxed{27}$ $3 \times 1 = \boxed{3}$

- 3에 곱해지는 수가 1씩 커질수록 값은 ☐3 씩 커져요.
- 3에 곱해지는 수가 1씩 작아질수록 값은 ☐3 씩 줄어요.

32

📝 다음 ☐ 안에 알맞은 수를 쓰세요.

$3 \times 5 = \boxed{15}$ $3 \times 4 = \boxed{12}$

$3 \times 7 = \boxed{21}$ $3 \times 9 = \boxed{27}$

$3 \times 3 = \boxed{9}$ $3 \times 6 = \boxed{18}$

$3 \times 2 = \boxed{6}$ $3 \times 8 = \boxed{24}$

📝 나열된 수들의 규칙을 찾아 빈칸에 알맞은 수를 채워 주세요.

3 · 6 · 9 · 12 · 15 · 18 · 21 · 24 · 27

3단 33

연습 문제 풀기

📝 다음 덧셈식을 곱셈식으로 나타내 보세요.

 $\rightarrow 6 \times \boxed{2} = 12$

$6 + 6 + 6 \rightarrow 6 \times \boxed{3} = 18$

$6 + 6 + 6 + 6 \rightarrow 6 \times \boxed{4} = 24$

$6 + 6 + 6 + 6 + 6 \rightarrow 6 \times \boxed{5} = 30$

$6 + 6 + 6 + 6 + 6 + 6 \rightarrow 6 \times \boxed{6} = 36$

$6 + 6 + 6 + 6 + 6 + 6 + 6 \rightarrow 6 \times \boxed{7} = 42$

$6 + 6 + 6 + 6 + 6 + 6 + 6 + 6 \rightarrow 6 \times \boxed{8} = 48$

$6 + 6 + 6 + 6 + 6 + 6 + 6 + 6 + 6 \rightarrow 6 \times \boxed{9} = 54$

🔍 여기서 문제!

- ☐ 안에 알맞은 수를 써넣으세요.

 $6 \times 2 = \boxed{12}$

36

📝 구슬을 6개씩 묶어 8개의 통에 나눠 담았어요. 구슬은 총 몇 개일까요?

답: ___48___ 개

📝 집에 있는 사탕을 엄마, 아빠, 이모, 이모부, 민아가 6씩 나눠 가졌어요. 가족들이 나눠 가진 사탕은 총 몇 개일까요?

$6 \times 5 = \boxed{30}$

답: ___30___ 개

6단 37

💡 6단

개념 덧셈과 곱셈으로 표현하기

원리 그림으로 알아보기

145

응용
개념 기반 다지기

활용
개념 활용하기

📝 쿠키가 한 줄에 6개씩 놓여 있어요. 그림을 그려 쿠키를 6개씩 묶어 보고, 쿠키가 총 몇 개 있는지 세어 보세요.

$6 \times 4 = 24$

답 : 24 개

📝 블록의 개수를 보고 맞는 설명을 한 친구를 찾아 동그라미를 그려 보세요.

민제 — 곱셈식으로 나타내면 6×5=30이야. (◯)

수민 — 12에 6을 더한 값이야. ( )

다솜 — 블록은 총 24개야. ( )

38

📝 꽃 한 송이에 꽃잎이 6장씩 있어요. 꽃잎이 총 몇 장인지 곱셈식으로 나타내 보세요.

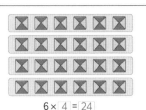

$6 \times 5 = 30$
$6 \times 6 = 36$
$6 \times 7 = 42$

📝 친구들과 함께 놀기 위해 딱지를 만들었어요. 딱지가 모두 몇 개인지 곱셈식으로 나타내 보세요.

$6 \times 4 = 24$

6단 39

연습
문제 풀기

📝 다음 ☐ 안에 알맞은 수를 쓰고 규칙을 적어 보세요.

$6 \times 1 = 6$ $6 \times 9 = 54$
$6 \times 2 = 12$ $6 \times 8 = 48$
$6 \times 3 = 18$ $6 \times 7 = 42$
$6 \times 4 = 24$ $6 \times 6 = 36$
$6 \times 5 = 30$ $6 \times 5 = 30$
$6 \times 6 = 36$ $6 \times 4 = 24$
$6 \times 7 = 42$ $6 \times 3 = 18$
$6 \times 8 = 48$ $6 \times 2 = 12$
$6 \times 9 = 54$ $6 \times 1 = 6$

• 6에 곱해지는 수가 1씩 커질수록 값은 6 씩 커져요.
• 6에 곱해지는 수가 1씩 작아질수록 값은 6 씩 줄어요.

40

📝 다음 ☐ 안에 알맞은 수를 쓰세요.

$6 \times 5 = 30$ $6 \times 4 = 24$
$6 \times 7 = 42$ $6 \times 9 = 54$
$6 \times 3 = 18$ $6 \times 6 = 36$
$6 \times 2 = 12$ $6 \times 8 = 48$

📝 나열된 수들의 규칙을 찾아 빈칸에 알맞은 수를 채워 주세요.

6단 41

💡 **3단, 6단**

복습하기

$3 \times 1 = 3$ $6 \times 9 = 54$
$3 \times 2 = 6$ $6 \times 8 = 48$
$3 \times 3 = 9$ $6 \times 7 = 42$
$3 \times 4 = 12$ $6 \times 6 = 36$
$3 \times 5 = 15$ $6 \times 5 = 30$
$3 \times 6 = 18$ $6 \times 4 = 24$
$3 \times 7 = 21$ $6 \times 3 = 18$
$3 \times 8 = 24$ $6 \times 2 = 12$
$3 \times 9 = 27$ $6 \times 1 = 6$

📝 두 곱셈식을 계산하고, 3단과 6단은 어느 숫자가 겹치는지 찾아보세요.

$3 \times 2 = 6$ $6 \times 1 = 6$

• 3단과 6단은 숫자 6 에서 겹쳐요.

42

📝 3단과 6단에 알맞은 답을 적으세요.

$3 \times 5 = 15$ $3 \times 4 = 12$ $6 \times 2 = 12$
$3 \times 7 = 21$ $3 \times 9 = 27$ $6 \times 3 = 18$
$3 \times 1 = 3$ $6 \times 4 = 24$ $6 \times 5 = 30$
$3 \times 2 = 6$ $6 \times 7 = 42$ $6 \times 9 = 54$

📝 3단과 6단은 어디에서 겹칠까요? 3단과 6단에서 겹치는 수를 찾아 줄을 그어 연결해 보세요.

3단 03 06 09 12 15 18 21 24 27

6단 06 12 18 24 30 36 42 48 54

3단, 6단 복습하기 43

빈칸을 채워 3단표를 완성시켜 보세요.

×	1	2	3	4	5	6	7	8	9
3	3	6	9	12	15	18	21	24	27

3의 단에 해당하는 수의 일의 자리 숫자를 순서대로 선을 이어 연결해 보세요.

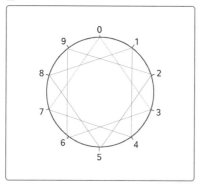

44

빈칸을 채워 6단표를 완성시켜 보세요.

×	1	2	3	4	5	6	7	8	9
6	6	12	18	24	30	36	42	48	54

6의 단에 해당하는 수의 일의 자리 숫자를 순서대로 선을 이어 연결해 보세요.

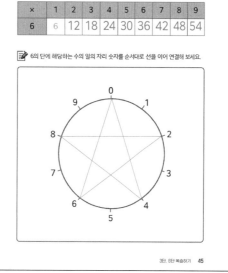

3단, 6단 복습하기 45

다음 덧셈식을 곱셈식으로 나타내 보세요.

 + → 4 × 2 = 8

4 + 4 + 4 → 4 × 3 = 12

4 + 4 + 4 + 4 → 4 × 4 = 16

4 + 4 + 4 + 4 + 4 → 4 × 5 = 20

4 + 4 + 4 + 4 + 4 + 4 → 4 × 6 = 24

4 + 4 + 4 + 4 + 4 + 4 + 4 → 4 × 7 = 28

4 + 4 + 4 + 4 + 4 + 4 + 4 + 4 → 4 × 8 = 32

4 + 4 + 4 + 4 + 4 + 4 + 4 + 4 + 4 → 4 × 9 = 36

🔍 **여기서 문제!**

• 4개씩 공을 묶으면 총 몇 묶음이 될까요?

4 × 4 = 16

답 : 16 묶음

48

자동차 5대가 주차장에 주차되어 있어요. 바퀴는 총 몇 개일까요?

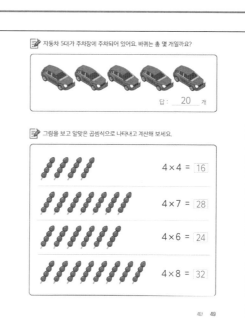

답 : 20 개

그림을 보고 알맞은 곱셈식으로 나타내고 계산해 보세요.

4 × 4 = 16

4 × 7 = 28

4 × 6 = 24

4 × 8 = 32

4단

개념
덧셈과 곱셈으로 표현하기

원리
그림으로 알아보기

4단 49

수민이의 나이는 4세이고 수민이의 어머니 나이는 32세예요. 수민이의 어머니는 수민이보다 나이가 몇 배 더 많을까요?

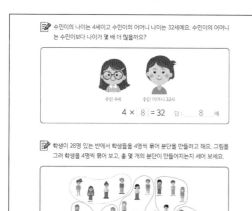

수민 4세　수민 어머니 32세

4 × 8 = 32　답 : 8 배

학생이 28명 있는 반에서 학생들을 4명씩 묶어 분단을 만들려고 해요. 그림을 그려 학생을 4명씩 묶어 보고, 총 몇 개의 분단이 만들어지는지 세어 보세요.

4 × 7 = 28　답 : 7 개

50

식당에 4명씩 앉을 수 있는 식탁이 4개 있어요. 사람 4명이 들어와 식탁 하나에 전부 앉았다면 남은 식당 식탁에는 총 몇 명이 더 앉을 수 있을까요?

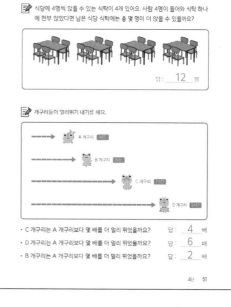

답 : 12 명

개구리들이 멀리뛰기 내기를 해요.

A 개구리 4칸
B 개구리 8칸
C 개구리 16칸
D 개구리 24칸

• C 개구리는 A 개구리보다 몇 배를 더 멀리 뛰었을까요?　답 : 4 배
• D 개구리는 A 개구리보다 몇 배를 더 멀리 뛰었을까요?　답 : 6 배
• B 개구리는 A 개구리보다 몇 배를 더 멀리 뛰었을까요?　답 : 2 배

응용
개념 기반 다지기

활용
개념 활용하기

4단 51

연습
문제 풀기

📝 다음 ☐ 안에 알맞은 수를 쓰고 규칙을 적어 보세요.

4×1 = 4	4×9 = 36
4×2 = 8	4×8 = 32
4×3 = 12	4×7 = 28
4×4 = 16	4×6 = 24
4×5 = 20	4×5 = 20
4×6 = 24	4×4 = 16
4×7 = 28	4×3 = 12
4×8 = 32	4×2 = 8
4×9 = 36	4×1 = 4

· 4에 곱해지는 수가 1씩 커질수록 값은 4 씩 커져요.
· 4에 곱해지는 수가 1씩 작아질수록 값은 4 씩 줄어요.

52

📝 다음 ☐ 안에 알맞은 수를 쓰세요.

4×5 = 20	4×4 = 16
4×7 = 28	4×9 = 36
4×3 = 12	4×6 = 24
4×2 = 8	4×8 = 32

📝 나열된 수들의 규칙을 찾아 빈칸에 알맞은 수를 채워 보세요.

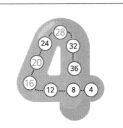

4단 53

💡 8단

개념
덧셈과 곱셈으로 표현하기

원리
그림으로 알아보기

📝 다음 덧셈식을 곱셈식으로 나타내 보세요.

 → 8× 2 = 16

8+8+8 ➡ 8× 3 = 24
8+8+8+8 ➡ 8× 4 = 32
8+8+8+8+8 ➡ 8× 5 = 40
8+8+8+8+8+8 ➡ 8× 6 = 48
8+8+8+8+8+8+8 ➡ 8× 7 = 56
8+8+8+8+8+8+8+8 ➡ 8× 8 = 64
8+8+8+8+8+8+8+8+8 ➡ 8× 9 = 72

🔍 여기서 문제!
· ☐ 안에 알맞은 수를 써넣으세요.

8×2 = 16

56

📝 다솜이네 반에서 8조각짜리 피자 4판을 1명이 1조각씩 먹었더니 피자가 하나도 남지 않았어요. 반 친구들은 총 몇 명일까요?

8× 4 = 32   답: 32 명

📝 8×5는 8×3보다 얼마나 더 큰지 빈칸에 굴을 그려 개수를 세어 보세요.

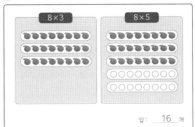

답: 16 개

8단 57

응용
개념 기반 다지기

활용
개념 활용하기

📝 마트의 장난감 진열장에 장난감 8개가 놓여 있어요. 직원이 장난감 16개를 더 갖다 놓으면 장난감의 수는 처음에 있던 장난감 수보다 몇 배 많아질까요?

8 × 3 = 24   답: 3 배

📝 혜성이는 8세이고 혜성의 할머니는 56세예요. 그렇다면 혜성의 할머니는 혜성이보다 몇 배나 더 나이가 많은 걸까요?

혜성 8세   혜성 할머니 56세

8 × 7 = 56   답: 7 배

❸ 8장의 꽃잎이 있는 꽃이 있어요. 꽃이 4송이 있다면 꽃잎은 총 몇 장일까요?

8 × 4 = 32
답: 32 장

58

📝 놀이 기구 1칸에 사람이 8명씩 타고 있어요.

· 놀이 기구 2칸에 타고 있는 사람은 총 몇 명인가요?
8 × 2 = 16   답: 16 명

· 24명이 관람차에 탑승하려고 해요. 총 몇 칸이 필요할까요?
8 × 3 = 24   답: 3 칸

📝 다음 중 알맞은 값에 동그라미를 그려 보세요.

8 × 5	8 × 9	8 × 3
27 ㊵ 54	18 ㊲ 76	10 19 ㉔

8 × 4	8 × 8	8 × 2
㉜ 33 34	38 56 ㊍	14 ⑯ 26

8단 59

📝 다음 ☐ 안에 알맞은 수를 쓰고 규칙을 적어 보세요.

8 × 1 = 8	8 × 9 = 72
8 × 2 = 16	8 × 8 = 64
8 × 3 = 24	8 × 7 = 56
8 × 4 = 32	8 × 6 = 48
8 × 5 = 40	8 × 5 = 40
8 × 6 = 48	8 × 4 = 32
8 × 7 = 56	8 × 3 = 24
8 × 8 = 64	8 × 2 = 16
8 × 9 = 72	8 × 1 = 8

· 8에 곱해지는 수가 1씩 커질수록 값은 8 씩 커져요.
· 8에 곱해지는 수가 1씩 작아질수록 값은 8 씩 줄어요.

60

📝 다음 ☐ 안에 알맞은 수를 쓰세요.

8 × 5 = 40	8 × 4 = 32
8 × 7 = 56	8 × 9 = 72
8 × 3 = 24	8 × 6 = 48
8 × 2 = 16	8 × 8 = 64

📝 8단에 해당하는 숫자를 찾아 동그라미를 그려 보세요.

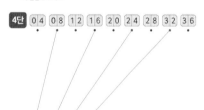

8단 61

---

4 × 1 = 4	8 × 9 = 72
4 × 2 = 8	8 × 8 = 64
4 × 3 = 12	8 × 7 = 56
4 × 4 = 16	8 × 6 = 48
4 × 5 = 20	8 × 5 = 40
4 × 6 = 24	8 × 4 = 32
4 × 7 = 28	8 × 3 = 24
4 × 8 = 32	8 × 2 = 16
4 × 9 = 36	8 × 1 = 8

📝 두 곱셈식을 계산하고, 4단과 8단은 어느 숫자가 겹치는지 찾아보세요.

4 × 2 = 8   8 × 1 = 8
· 4단과 8단은 숫자 8 에서 겹쳐요.

62

📝 4단과 8단에 알맞은 답을 적어 보세요.

4 × 5 = 20	4 × 4 = 16	8 × 2 = 16
4 × 7 = 28	4 × 9 = 36	8 × 3 = 24
4 × 1 = 4	8 × 4 = 32	8 × 5 = 40
4 × 2 = 8	8 × 7 = 56	8 × 9 = 72

📝 4단과 8단은 어디에서 겹칠까요? 4단과 8단에서 겹치는 수를 찾아 줄을 그어 연결해 보세요.

4단 [04] [08] [12] [16] [20] [24] [28] [32] [36]

8단 [08] [16] [24] [32] [40] [48] [56] [64] [72]

4단, 8단 복습하기 63

📝 빈칸을 채워 4단표를 완성시켜 보세요.

×	1	2	3	4	5	6	7	8	9
4	4	8	12	16	20	24	28	32	36

📝 4의 단에 해당하는 수의 일의 자리 숫자를 순서대로 선을 이어 연결해 보세요.

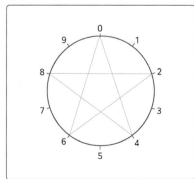

64

📝 빈칸을 채워 8단표를 완성시켜 보세요.

×	1	2	3	4	5	6	7	8	9
8	8	16	24	32	40	48	56	64	72

📝 8의 단에 해당하는 수의 일의 자리 숫자를 순서대로 선을 이어 연결해 보세요.

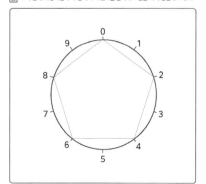

4단, 8단 복습하기 65

7단

개념
덧셈과 곱셈으로 표현하기

원리
그림으로 알아보기

다음 덧셈식을 곱셈식으로 나타내 보세요.

 → 7 × 2 = 14

7+7+7 → 7 × 3 = 21

7+7+7+7 → 7 × 4 = 28

7+7+7+7+7 → 7 × 5 = 35

7+7+7+7+7+7 → 7 × 6 = 42

7+7+7+7+7+7+7 → 7 × 7 = 49

7+7+7+7+7+7+7+7 → 7 × 8 = 56

7+7+7+7+7+7+7+7+7 → 7 × 9 = 63

🔍 **여기서 문제!**
· ☐ 안에 알맞은 수를 써넣으세요.

7 × 2 = 14

68

닭고기가 7조각 꽂힌 닭꼬치를 5개 샀어요. 그러면 총 몇 조각의 닭고기를 먹을 수 있을까요?

 7 × 5 = 35
답 : 35 개

나무 한 그루에 큰 가지가 7개 있어요. 나뭇가지는 총 몇 개일까요?

7 × 3 = 21
답 : 21 개

쟁반 하나에 컵이 7개 놓여 있어요. 컵은 총 몇 개일까요?

7 × 7 = 49   답 : 49 개

응용
개념 기반 다지기

활용
개념 활용하기

마트의 장난감 진열장에 장난감 7개가 놓여 있어요. 직원이 장난감 21개를 더 가져와 놓으면 진열장의 장난감은 처음에 있던 장난감 수보다 몇 배 더 많아질까요?

7 × 4 = 28   답 : 4 배

다솜이는 7세고 다솜의 할머니는 63세예요. 그렇다면 다솜의 할머니는 다솜이보다 몇 배나 더 나이가 많은 걸까요?

다솜 7세   다솜 할머니 63세

7 × 9 = 63   답 : 9 배

7장의 꽃잎이 있는 꽃이 있어요. 꽃이 총 4송이 있다면 꽃잎은 총 몇 장일까요?

 7 × 4 = 28
답 : 28 장

70

사탕 7개가 들어 있는 봉지 6개가 있었는데 친구들이 집에 놀러와 1봉지를 뜯어 전부 먹었어요. 남은 사탕은 총 몇 개일까요?

 7 × 5 = 35
답 : 35 개

문구점에서 스티커 7개가 붙어 있는 종이 5장을 샀어요. 그런데 집으로 가는 길에 종이 2장을 잃어버리고 말았어요. 남은 스티커는 총 몇 개일까요?

7 × 3 = 21   답 : 21 개

감자가 1자루에 7개씩 들어 있어요. 마트에서 엄마가 감자 3자루를 사 왔는데, 아빠도 퇴근길에 감자 2자루를 사 왔어요. 감자는 총 몇 개일까요?

7 × 5 = 35
답 : 35 개

연습
문제 풀기

다음 ☐ 안에 알맞은 수를 쓰고 규칙을 적어 보세요

7 × 1 = 7   7 × 9 = 63

7 × 2 = 14   7 × 8 = 56

7 × 3 = 21   7 × 7 = 49

7 × 4 = 28   7 × 6 = 42

7 × 5 = 35   7 × 5 = 35

7 × 6 = 42   7 × 4 = 28

7 × 7 = 49   7 × 3 = 21

7 × 8 = 56   7 × 2 = 14

7 × 9 = 63   7 × 1 = 7

· 7에 곱해지는 수가 1씩 커질수록 값은 7 씩 커져요
· 7에 곱해지는 수가 1씩 작아질수록 값은 7 씩 줄어들어요

72

다음 ☐ 안에 알맞은 수를 쓰세요.

7 × 5 = 35   7 × 4 = 28

7 × 7 = 49   7 × 9 = 63

7 × 3 = 21   7 × 6 = 42

7 × 2 = 14   7 × 8 = 56

7단에 해당하는 숫자를 찾아 동그라미를 그려 보세요

⑦   ㊴⁹

15   55

24   ㊶⁶

33   ㊿³

㊸²   66

150

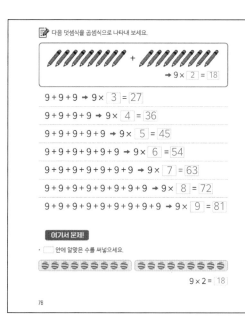

다음 덧셈식을 곱셈식으로 나타내 보세요.

→ 9 × [2] = [18]

9 + 9 + 9 → 9 × [3] = [27]

9 + 9 + 9 + 9 → 9 × [4] = [36]

9 + 9 + 9 + 9 + 9 → 9 × [5] = [45]

9 + 9 + 9 + 9 + 9 + 9 → 9 × [6] = [54]

9 + 9 + 9 + 9 + 9 + 9 + 9 → 9 × [7] = [63]

9 + 9 + 9 + 9 + 9 + 9 + 9 + 9 → 9 × [8] = [72]

9 + 9 + 9 + 9 + 9 + 9 + 9 + 9 + 9 → 9 × [9] = [81]

여기서 문제!

· □ 안에 알맞은 수를 써넣으세요.

9 × 2 = [18]

76

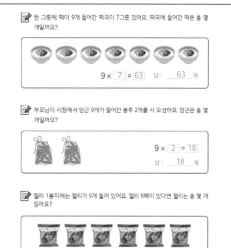

한 그릇에 떡이 9개 들어간 떡국이 7그릇 있어요. 떡국에 들어간 떡은 총 몇 개일까요?

9 × [7] = [63]   답: ___63___ 개

부모님이 시장에서 당근 9개가 들어간 봉투 2개를 사 오셨어요. 당근은 총 몇 개일까요?

9 × [2] = [18]   답: ___18___ 개

젤리 1봉지에는 젤리가 9개 들어 있어요. 젤리 6팩이 있다면 젤리는 총 몇 개일까요?

9 × [6] = [54]   답: ___54___ 개

9단 77

---

76 - 77p

💡 **9단**

개념
덧셈과 곱셈으로 표현하기

원리
그림으로 알아보기

다음 중 알맞은 값에 동그라미를 그려 보세요.

9 × 6	9 × 9	9 × 8
45 49 (54)	63 72 (81)	48 52 (72)

9 × 2	9 × 3	9 × 5
(18) 24 27	19 21 (27)	41 (45) 49

구슬 9개를 꿰어 만든 팔찌 7개가 있어요. 그런데 친구가 똑같은 팔찌 2개를 더 가져왔어요. 구슬은 총 몇 개일까요?

답: ___81___ 개

집에 물고기 9마리가 들어간 어항이 4개 있어요. 어항 1개를 옆집에 선물하면 집에 남은 물고기는 몇 마리가 될까요?

답: ___27___ 마리

78

9마리 동물이 달리기를 해요. 동물의 위치를 보고 물음에 답하세요.

· 개의 위치는 9의 [1] 배   9 × [1] = 9

· 코뿔소의 위치는 9의 [3] 배   9 × [3] = 27

· 사자의 위치는 9의 [7] 배   9 × [7] = 63

· 곰의 위치는 9의 [5] 배   9 × [5] = 45

· 기린은 개보다 [8] 개 앞서 있어요   9 × [8] = 72

· 사슴은 개보다 [6] 배 앞서 있어요   9 × [6] = 54

· 얼룩말은 81미터를 달려 결승선에 도착했어요. 개가 결승선에 도착하려면 지금까지 온 거리보다 몇 배 더 가야 할까요?

9 × [9] = [81]   답: ___9___ 배

9단 79

---

78 - 79p

응용
개념 기반 다지기

활용
개념 활용하기

다음 □ 안에 알맞은 수를 쓰고 규칙을 적어 보세요.

9 × 1 = [9]   9 × 9 = [81]

9 × 2 = [18]   9 × 8 = [72]

9 × 3 = [27]   9 × 7 = [63]

9 × 4 = [36]   9 × 6 = [54]

9 × 5 = [45]   9 × 5 = [45]

9 × 6 = [54]   9 × 4 = [36]

9 × 7 = [63]   9 × 3 = [27]

9 × 8 = [72]   9 × 2 = [18]

9 × 9 = [81]   9 × 1 = [9]

· 9에 곱해지는 수가 1씩 커질수록 값은 [9] 씩 커져요.

· 9에 곱해지는 수가 1씩 작아질수록 값은 [9] 씩 줄어요.

80

다음 □ 안에 알맞은 수를 써 보세요.

9 × 5 = [45]   9 × 4 = [36]

9 × 9 = [81]   9 × 7 = [63]

9 × 3 = [27]   9 × 6 = [54]

9 × 2 = [18]   9 × 8 = [72]

9단에 해당하는 숫자를 찾아 동그라미를 그려 보세요.

(9)   55

(18)   64

28   (72)

35   (81)

(45)   87

9단 81

---

80 - 81p

연습
문제 풀기

💡 **7단, 9단**
복습하기

$7 \times 1 = \boxed{7}$　　$9 \times 9 = \boxed{81}$

$7 \times 2 = \boxed{14}$　　$9 \times 8 = \boxed{72}$

$7 \times 3 = \boxed{21}$　　$9 \times 7 = \boxed{63}$

$7 \times 4 = \boxed{28}$　　$9 \times 6 = \boxed{54}$

$7 \times 5 = \boxed{35}$　　$9 \times 5 = \boxed{45}$

$7 \times 6 = \boxed{42}$　　$9 \times 4 = \boxed{36}$

$7 \times 7 = \boxed{49}$　　$9 \times 3 = \boxed{27}$

$7 \times 8 = \boxed{56}$　　$9 \times 2 = \boxed{18}$

$7 \times 9 = \boxed{63}$　　$9 \times 1 = \boxed{9}$

📝 두 곱셈을 계산하고, 7단과 9단은 어느 숫자가 겹치는지 찾아보세요.

$7 \times 9 = \boxed{63}$　　$9 \times 7 = \boxed{63}$

・7단과 9단은 숫자 $\boxed{63}$ 에서 겹쳐요.

82

📝 7단과 9단에 알맞은 답을 적어 보세요.

$7 \times 5 = \boxed{35}$　　$7 \times 4 = \boxed{28}$　　$9 \times 2 = \boxed{18}$

$7 \times 7 = \boxed{49}$　　$7 \times 9 = \boxed{63}$　　$9 \times 3 = \boxed{27}$

$7 \times 1 = \boxed{7}$　　$9 \times 4 = \boxed{36}$　　$9 \times 5 = \boxed{45}$

$7 \times 2 = \boxed{14}$　　$9 \times 7 = \boxed{63}$　　$9 \times 9 = \boxed{81}$

📝 손을 펼쳐 9의 단을 쉽게 이해해 보아요. 맨 왼쪽 손가락부터 한 개씩 차례로 접어 보세요. 접힌 손가락 기준으로 왼쪽은 십의 자리, 오른쪽은 일의 자리라고 생각하면 돼요. *9단의 일의 자리 숫자와 십의 자리 숫자의 합은 항상 9가 돼요.

 9 × 1 = 9
 9 × 2 = 18
 9 × 3 = 27
 9 × 4 = 36
 9 × 5 = 45
 9 × 6 = 54
 9 × 7 = 63
 9 × 8 = 72
 9 × 9 = 81

📝 빈칸을 채워 7단표를 완성시켜 보세요.

×	1	2	3	4	5	6	7	8	9
7	7	14	21	28	35	42	49	56	63

📝 7의 단에 해당하는 수의 일의 자리 숫자를 순서대로 선을 이어 연결해 보세요.

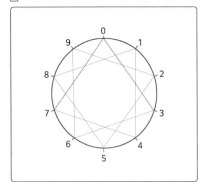

84

📝 빈칸을 채워 9단표를 완성시켜 보세요.

×	1	2	3	4	5	6	7	8	9
9	9	18	27	36	45	54	63	72	81

📝 9의 단에 해당하는 수의 일의 자리 숫자를 순서대로 선을 이어 연결해 보세요.

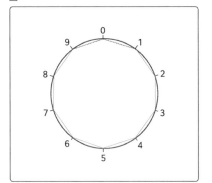

💡 **0단, 1단, 10단**

[개념]
덧셈과 곱셈으로 표현하기

[원리]
그림으로 알아보기

$0 + 0 = \boxed{0}$ → $0 \times 2 = \boxed{0}$

$0 + 0 + 0 = \boxed{0}$ → $0 \times 3 = \boxed{0}$

0 곱하기 △는 항상 0이에요.

$1 + 1 + 1 + 1 = \boxed{4}$ → $1 \times 4 = \boxed{4}$

$1 + 1 + 1 + 1 + 1 = \boxed{5}$ → $1 \times 5 = \boxed{5}$

1 곱하기 □는 항상 □예요.

$10 + 10 + 10 + 10 + 10 + 10 = \boxed{60}$
→ $10 \times 6 = \boxed{60}$

$10 + 10 + 10 + 10 + 10 + 10 + 10 = \boxed{70}$
→ $10 \times 7 = \boxed{70}$

10 곱하기 ★은 ★ 뒤에 0을 붙인 값이에요.

90

📝 빵이 하나도 들어 있지 않은 바구니 5개가 있어요. 바구니를 하나가 더 가져오면 빵은 몇 개 늘어날까요?

$0 \times 6 = \boxed{0}$　　답 : $\boxed{0}$ 개

📝 꼬치 하나에 소세지가 하나씩 꽂혀 있어요. 소세지는 총 몇 개일까요?

$1 \times 9 = \boxed{9}$　　답 : $\boxed{9}$ 개

📝 노트가 5권 있어요. 노트에 스티커를 10개씩 붙이면 스티커를 총 몇 개 붙일 수 있을까요?

$10 \times 5 = \boxed{50}$　　답 : $\boxed{50}$ 개

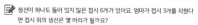 생선이 하나도 들어 있지 않은 접시 6개가 있어요. 엄마가 접시 3개를 치웠다면 접시 위의 생선은 몇 마리가 될까요?

$0 \times 3 = 0$
답 : 0 마리

 한 번에 1명만 탈 수 있는 그네가 5개 있어요. 다솜이가 그네를 타고 있는데, 3명이 더 와서 그네를 타기 시작했어요. 그네를 타고 있는 사람은 총 몇 명일까요?

$1 \times 4 = 4$
답 : 4 명

 포도알이 10알씩 달린 포도가 4송이 있어요. 삼촌이 포도 한 송이를 다 먹었다면 남은 포도는 몇 알일까요?

$10 \times 3 = 30$
답 : 30 알

사격 게임을 했어요. 장난감 총을 쏴서 장난감을 맞추지 못하면 0점, 장난감을 맞추면 1점, 장난감을 맞춰서 떨어뜨리면 10점이에요. 민재, 수민, 다솜이가 각각 5발을 쏴서 아래와 같은 결과가 나왔어요. 점수표를 보고 물음에 답하세요.

	첫 번째 탄	두 번째 탄	세 번째 탄	네 번째 탄	다섯 번째 탄
민재	1	1	1	1	0
수민	1	1	0	10	0
다솜	1	10	10	0	0

· 첫 번째 탄에서 민재와 수민, 다솜이가 얻은 점수의 합을 곱셈으로 나타내 보세요.

$1 \times 3 = 3$

· 다섯 번째 탄에서 민재와 수민, 다솜이가 얻은 점수의 합을 곱셈으로 나타내 보세요.

$0 \times 3 = 0$

· 다솜이가 맞춰서 떨어뜨린 장난감은 몇 개인지 곱셈으로 나타내 보세요.

$10 \times 2 = 20$

· 민재와 수민, 다솜의 총 점수를 각각 써 보세요.

민재 : 4 점   수민 : 12 점   다솜 : 21 점

응용 개념 기반 다지기
활용 개념 활용하기

다음 □ 안에 알맞은 수를 쓰세요.

$1 \times 1 = 1$	$10 \times 9 = 90$
$1 \times 2 = 2$	$10 \times 8 = 80$
$1 \times 3 = 3$	$10 \times 7 = 70$
$1 \times 4 = 4$	$10 \times 6 = 60$
$1 \times 5 = 5$	$10 \times 5 = 50$
$1 \times 6 = 6$	$10 \times 4 = 40$
$1 \times 7 = 7$	$10 \times 3 = 30$
$1 \times 8 = 8$	$10 \times 2 = 20$
$1 \times 9 = 9$	$10 \times 1 = 10$

다음 □ 안에 알맞은 수를 쓰세요.

$0 \times 5 = 0$	$0 \times 4 = 0$
$0 \times 9 = 0$	$0 \times 7 = 0$
$0 \times 3 = 0$	$0 \times 6 = 0$
$0 \times 2 = 0$	$0 \times 8 = 0$

0단에 해당하는 숫자는 네모, 10단에 해당하는 숫자는 동그라미를 그려 보세요.

[0]	5	(10)	15
1	6	11	16
2	7	12	17
3	8	13	18
4	9	14	19

문제를 풀어 보세요.

$0 \times 1 = 0$	$1 \times 9 = 9$	$10 \times 1 = 10$
$0 \times 2 = 0$	$1 \times 8 = 8$	$10 \times 2 = 20$
$0 \times 3 = 0$	$1 \times 7 = 7$	$10 \times 3 = 30$
$0 \times 4 = 0$	$1 \times 6 = 6$	$10 \times 4 = 40$
$0 \times 5 = 0$	$1 \times 5 = 5$	$10 \times 5 = 50$
$0 \times 6 = 0$	$1 \times 4 = 4$	$10 \times 6 = 60$
$0 \times 7 = 0$	$1 \times 3 = 3$	$10 \times 7 = 70$
$0 \times 8 = 0$	$1 \times 2 = 2$	$10 \times 8 = 80$
$0 \times 9 = 0$	$1 \times 1 = 1$	$10 \times 9 = 90$

0단과 1단, 10단에 알맞은 답을 적어 보세요.

$0 \times 5 = 0$	$1 \times 4 = 4$	$10 \times 2 = 20$
$0 \times 7 = 0$	$1 \times 9 = 9$	$10 \times 3 = 30$
$0 \times 1 = 0$	$1 \times 3 = 3$	$10 \times 5 = 50$
$0 \times 2 = 0$	$1 \times 7 = 7$	$10 \times 9 = 90$

0단, 1단, 10단의 법칙에 따라 과자의 개수가 얼마나 늘어나는지 적어 보세요.

· 접시 위에 과자가 0개 있어요. 접시의 수가 늘어날 때마다 과자는 0 개씩 늘어나요.
→ 0과 어떤 수의 곱은 항상 0 이 돼요.
· 접시 위에 과자가 1개 있어요. 접시의 수가 늘어날 때마다 과자는 1 개씩 늘어나요.
→ 1과 어떤 수의 곱은 항상 곱한 수와 같아요.
· 접시 위에 과자가 10개 있어요. 접시의 수가 늘어날 때마다 과자는 10 개씩 늘어나요.
→ 10과 어떤 수의 곱은 항상 어떤 수의 10 배씩 커져요.

0단, 1단, 10단 복습하기

💡 **종합 평가**

종합 평가

📝 일기를 읽어 보고 질문에 맞는 답을 써 보세요.

오늘의 일기
2000년 3월 2일
오늘은 새 학기가 시작되는 날이다.
교실에 가 보니 사물함이 4×9개 있었다.
책상은 6×5개 있었고
책꽂이는 2×9개 있었다.
새로운 친구들과 선생님과 잘 지냈으면 좋겠다. 😊

- 사물함은 총 몇 개 있나요? 답 : **36** 개
- 책상은 총 몇 개 있나요? 답 : **30** 개
- 책꽂이는 총 몇 개 있나요? 답 : **18** 개

📝 빈칸에 알맞은 수를 써 보세요.

8×5 = **40**	2×9 = **18**	9×9 = **81**
6×7 = **42**	3×4 = **12**	7×7 = **49**
4×2 = **8**	5×3 = **15**	0×8 = **0**

100

📝 빈칸에 알맞은 수를 써 보세요.

4 × **7** = 28	5 × **5** = 25	2 × **2** = 4
5 × **8** = 40	9 × **2** = 18	6 × **7** = 42
3 × **9** = 27	1 × **7** = 7	9 × **9** = 81
10 × **2** = 20	4 × **6** = 24	7 × **9** = 63
8 × **4** = 32	7 × **7** = 49	4 × **2** = 8
7 × **8** = 56	8 × **6** = 48	8 × **8** = 64
2 × **3** = 6	3 × **3** = 9	3 × **7** = 21
6 × **6** = 36	5 × **9** = 45	5 × **2** = 10

📝 빈칸에 알맞은 수를 써 보세요.

×	6	2
4	24	8
5	30	10

×	9	8
3	27	24
6	54	48

×	5	3
7	35	21
9	45	27

×	4	7
2	8	14
8	32	56

종합 평가 101

📝 동네에 새로 생긴 문구점에 노트와 샤프를 사러 가요. 값이 올바른 식을 찾아 따라가면 문방구에 도착할 수 있을 거예요.

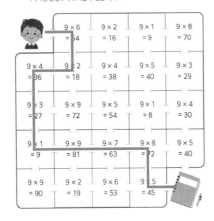

102

📝 빈칸에 알맞은 수를 써 보세요.

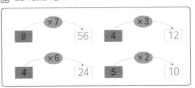

8	×7	56
4	×3	12
4	×6	24
5	×2	10

📝 빈칸에 알맞은 수를 써 보세요.

2 ⊗ 4 → 8 ; 8 → 16
3 ⊗ 3 → 9 ; 7 → 21
5 ⊗ 5 → 25 ; 6 → 30
6 ⊗ 3 → 18 ; 4 → 24
7 ⊗ 5 → 35 ; 8 → 56
0 ⊗ 1 → 0 ; 9 → 0

종합 평가 103

📝 새가 말하는 수에 동그라미를 그려 보세요.

3 × 8 → **24** | 21
4 × 5 → 18 | **20**
7 × 7 → 47 | **49**
6 × 6 → **36** | 32
8 × 9 → **72** | 81
1 × 6 → **6** | 1

📝 더 큰 수가 그려진 별에 동그라미를 그려 보세요.

5×5 | **20**
7×7 | **47**
8×4 | **33**
3×3 | **8**
6×8 | **49**
×9 | 4

104

📝 ☐ 안에 알맞은 수를 써 보세요.

7×4 = **28** 4×4 = **16**
6×9 = **54** 8×6 = **48** 2×8 = **16**
3×5 = **15** 5×6 = **30**

📝 그림과 같이 숫자가 그려진 카드를 한 번씩만 사용하여 ☐ 안에 알맞은 수를 써 보세요.

〈보기〉
| 3 | 4 | 6 |
9 × 4 = **3** **6**

| 1 | 6 | 8 |
2 × 8 = **1** **6**

| 2 | 4 | 6 |
7 × 6 = **4** **2**

종합 평가 105

154

곱셈의 법칙

📝 2단과 5단을 완성해 주세요.

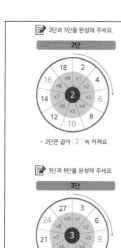

2단

5단

· 2단은 곱이 2 씩 커져요.

· 5단은 곱이 5 씩 커져요.

📝 3단과 6단을 완성해 주세요.

3단

6단

· 3단은 곱이 3 씩 커져요.

· 6단은 곱이 6 씩 커져요.

📝 4단과 8단을 완성해 주세요.

4단

8단

· 4단은 곱이 4 씩 커져요.

· 8단은 곱이 8 씩 커져요.

📝 7단과 9단을 완성해 주세요.

7단

9단

· 7단은 곱이 7 씩 커져요.

· 9단은 곱이 9 씩 커져요.

106

곱셈표의 비밀

· 1단에서 9단까지 하나의 표에 정리하면 어떤 규칙이 보일까요?

×	1	2	3	4	5	6	7	8	9
1	1	2	3	4	5	6	7	8	9
2	2	4	6	8	10	12	14	16	18
3	3	6	9	12	15	18	21	24	27
4	4	8	12	16	20	24	28	32	36
5	5	10	15	20	25	30	35	40	45
6	6	12	18	24	30	36	42	48	54
7	7	14	21	28	35	42	49	56	63
8	8	16	24	32	40	48	56	64	72
9	9	18	27	36	45	54	63	72	81

두 수가 만나는 곳은 두 수의 곱을 써서 표로 나타낸 것이에요. 예를 들어 7 × 8 = 56

· 3단은 아래로 내려갈수록 3 씩 커져요.

· 5단은 오른쪽으로 갈수록 5 씩 커져요.

· 대각선을 따라 곱셈표를 접으면 만나는 수가 같아요.

· 앞 페이지에 있는 곱셈표에 0단과 10단을 추가했어요. 곱셈표의 빈칸을 채운 뒤 0단, 10단의 곱을 알아보세요.

×	0	1	2	3	4	5	6	7	8	9	10
0	0	0	0	0	0	0	0	0	0	0	0
1	0	1	2	3	4	5	6	7	8	9	10
2	0	2	4	6	8	10	12	14	16	18	20
3	0	3	6	9	12	15	18	21	24	27	30
4	0	4	8	12	16	20	24	28	32	36	40
5	0	5	10	15	20	25	30	35	40	45	50
6	0	6	12	18	24	30	36	42	48	54	60
7	0	7	14	21	28	35	42	49	56	63	70
8	0	8	16	24	32	40	48	56	64	72	80
9	0	9	18	27	36	45	54	63	72	81	90
10	0	10	20	30	40	50	60	70	80	90	100

· 0과 어떤 수를 곱하면 값은 항상 0 이 돼요.

· 1 과 어떤 수를 곱하면 값은 항상 곱한 수와 같은 값이 돼요.

· 10단과 어떤 수를 곱하면 값은 어떤 수의 뒤에 0 이 붙은 값이 돼요.

108

· 11단이 포함된 곱셈표예요. 빈칸을 채운 뒤 11단의 곱을 알아보세요.

×	1	2	3	4	5	6	7	8	9	10	11
1	1	2	3	4	5	6	7	8	9	10	11
2	2	4	6	8	10	12	14	16	18	20	22
3	3	6	9	12	15	18	21	24	27	30	33
4	4	8	12	16	20	24	28	32	36	40	44
5	5	10	15	20	25	30	35	40	45	50	55
6	6	12	18	24	30	36	42	48	54	60	66
7	7	14	21	28	35	42	49	56	63	70	77
8	8	16	24	32	40	48	56	64	72	80	88
9	9	18	27	36	45	54	63	72	81	90	99
10	10	20	30	40	50	60	70	80	90	100	110
11	11	22	33	44	55	66	77	88	99	110	121

· 11단의 곱은 11 씩 커져요.

$11 × 3 = \boxed{33}$　　　$11 × 2 = \boxed{22}$　　　$11 × \boxed{9} = 99$

$11 × 7 = \boxed{77}$　　　$11 × \boxed{5} = 55$　　　$11 × \boxed{6} = 66$

110

155

💡 **사고력 심화 문제**

곱셈 미로

곱한 결과에서 십의 자리 숫자와 일의 자리 숫자의 합이 9가 되는 곳을 찾아 이동하면 미로를 빠져나갈 수 있어요. 탈출할 수 있는 길을 선으로 연결해 탈출하세요.

다음 규칙에 따라 미로를 탈출하세요.

규칙
① 두 자리 수는 일의 자리 수와 십의 자리 수를 곱한 값으로 이동해요.
② 한 자리 수는 자신을 두 번 곱한 값으로 이동해요.

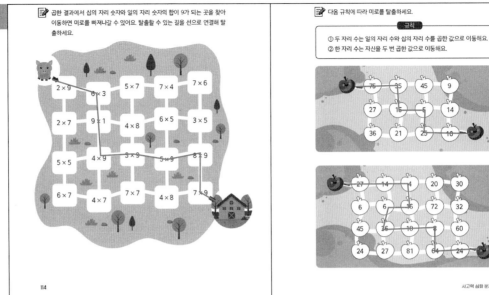

곱셈표 완성하기

〈보기〉와 같이 빈칸에 알맞은 수를 써 넣어 곱셈표를 완성하세요.

〈보기〉와 같이 빈칸에 알맞은 수를 써 넣어 곱셈표를 완성하세요.

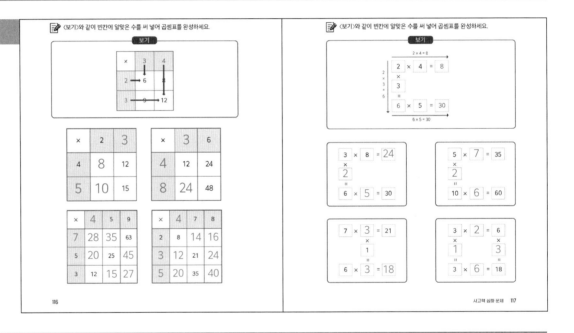

숫자 카드 게임

가로줄과 세로줄에 각각 들어간 세 숫자의 곱이 같도록 빈칸에 알맞은 숫자 카드를 집어넣으세요.

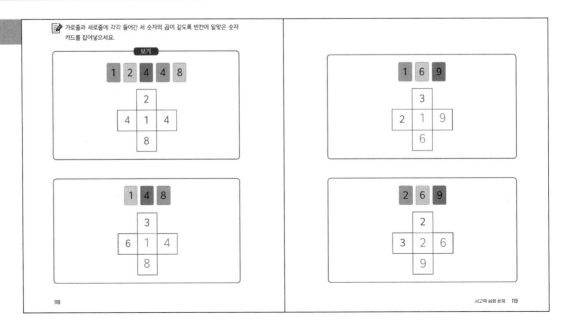

156

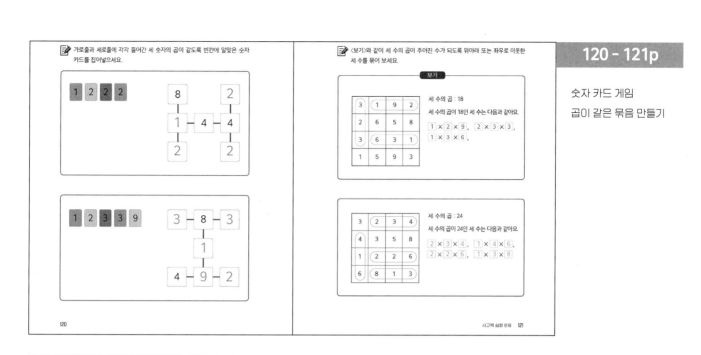

숫자 카드 게임

곱이 같은 묶음 만들기

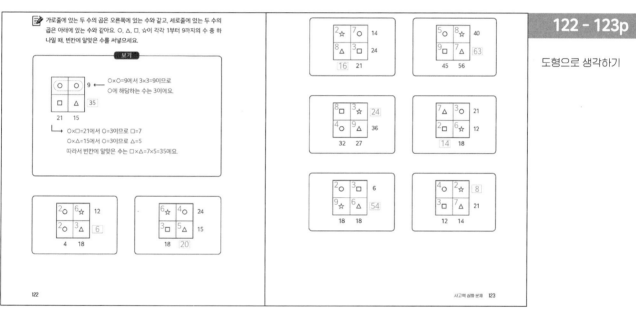

도형으로 생각하기

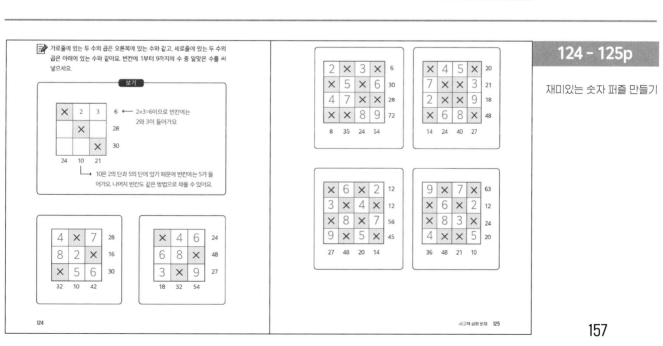

재미있는 숫자 퍼즐 만들기

사다리 게임

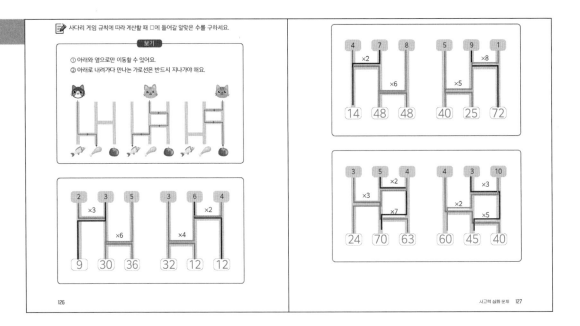

각 영역에 만족하는 수
집어넣기

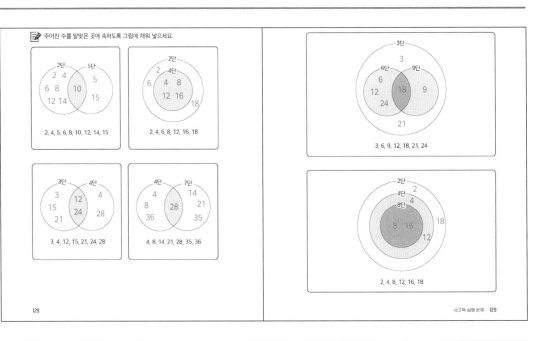

성냥개비 곱셈

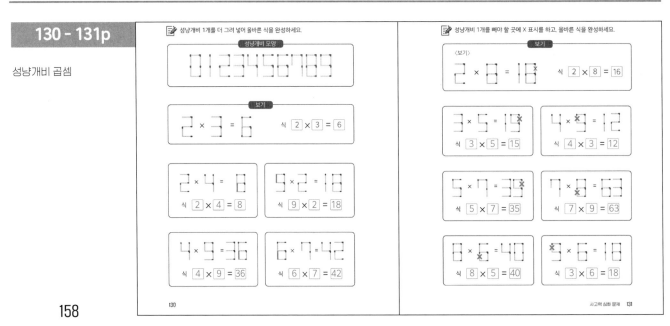

성냥개비 1개를 옮겨야 할 곳을 찾아 표시하고 옮긴 뒤, 올바른 식을 완성하세요.

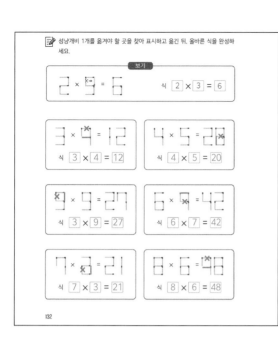

1, 2, 3과 같이 1씩 커지는 수들의 합은 곱셈을 이용하여 계산할 수 있어요.

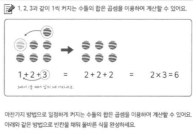

마찬가지 방법으로 일정하게 커지는 수들의 합은 곱셈을 이용하여 계산할 수 있어요. 아래와 같은 방법으로 빈칸을 채워 올바른 식을 완성하세요.

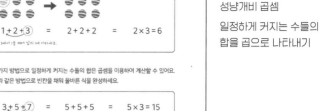

132 - 133p

성냥개비 곱셈

일정하게 커지는 수들의
합을 곱으로 나타내기

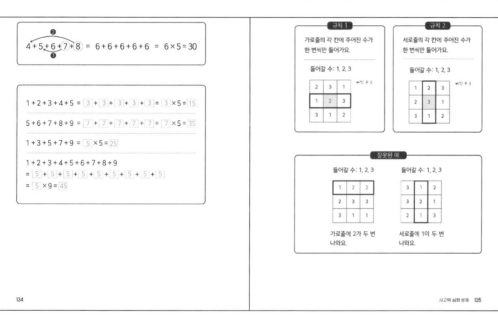

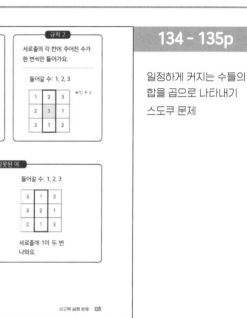

134 - 135p

일정하게 커지는 수들의
합을 곱으로 나타내기
스도쿠 문제

스도쿠의 규칙에 따라 빈칸을 채울 때, 색이 채워진 네모 안에 들어갈 수들을 식에 넣어 곱하세요.

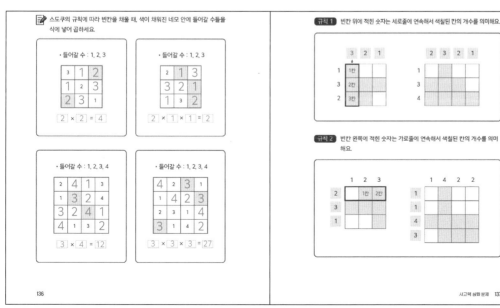

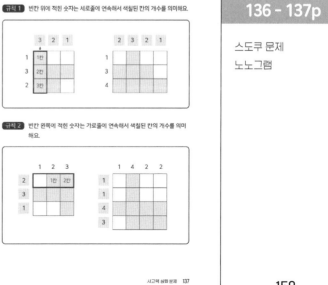

136 - 137p

스도쿠 문제
노노그램

159

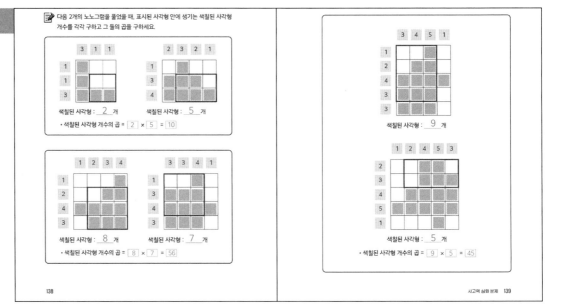

다음 2개의 노노그램을 풀었을 때, 표시된 사각형 안에 생기는 색칠된 사각형 개수를 각각 구하고 그 둘의 곱을 구하세요.

3 1 1

색칠된 사각형 : __2__ 개

2 3 2 1

색칠된 사각형 : __5__ 개

• 색칠된 사각형 개수의 곱 = 2 × 5 = 10

1 2 3 4

색칠된 사각형 : __8__ 개

3 3 4 1

색칠된 사각형 : __7__ 개

• 색칠된 사각형 개수의 곱 = 8 × 7 = 56

3 4 5 1

색칠된 사각형 : __9__ 개

1 2 4 5 3

색칠된 사각형 : __5__ 개

• 색칠된 사각형 개수의 곱 = 9 × 5 = 45